国家科学技术学术著作出版基金资助出版

页岩气储层液体火药高能气体压裂增产关键技术研究

陈军斌　张　杰等　著

科学出版社
北　京

内 容 简 介

本书首先系统论述了页岩气无水压裂开发的背景和意义，通过对比不同无水压裂技术特点探讨了高能气体压裂开发页岩气的可行性；然后针对高能气体压裂技术，从可压性评价、裂缝起裂与扩展和压裂裂缝渗流规律三个方面进行了相关理论探究；最后通过理论计算、室内实验测试和室外大尺寸岩心实验三个方面针对液体火药配方进行设计和优化，确定了最优火药配比。

本书主要供从事页岩气勘探开发的地质工作者、油藏工程和采油工程技术人员及其他相关学科的科研人员参考。

图书在版编目(CIP) 数据

页岩气储层液体火药高能气体压裂增产关键技术研究 / 陈军斌等著.
—北京:科学出版社，2017.12
　ISBN 978-7-03-056226-5

　Ⅰ.①页⋯　Ⅱ.①陈⋯　Ⅲ.①油页岩–油气藏–高能气体压裂–研究
Ⅳ.①TE357.3

中国版本图书馆 CIP 数据核字（2017）第 323895 号

责任编辑：王　运 / 责任校对：张小霞
责任印制：肖　兴 / 封面设计：铭轩堂

斜 学 出 版 社 出版
北京东黄城根北街 16 号
邮政编码：100717
http://www.sciencep.com

中国科学院印刷厂 印刷
科学出版社发行　各地新华书店经销

*

2017 年 12 月第　一　版　　开本：720×1000　B5
2017 年 12 月第一次印刷　　印张：12
字数：260 000

定价：178.00 元
（如有印装质量问题，我社负责调换）

前　　言

根据 *BP Statistical Review of Word Energy 2016* 统计结果，截至 2015 年年底，中国天然气产量和消耗量分别为 $1380 \times 10^8 \mathrm{m}^3$ 和 $1973 \times 10^8 \mathrm{m}^3$，占世界天然气生产量的 3.9% 和消费量的 5.7%，同比增幅 4.8% 和 4.7%。随着常规天然气消耗的不断扩大，考虑提高非常规天然气产量作为能源接替已成为我国的必然选择。

近些年，页岩气作为非常规天然气资源的焦点和热点引起了国内外专家、学者的广泛关注，尤其是美国在过去十年对于页岩气的成功开发，引发了一场声势浩大的页岩气革命，这场革命成为低碳经济战略发展机遇的推动力，也成为世界油气地缘政治格局发生结构性调整的催化剂，从而吸引其他国家纷纷效仿。中国石化和中国石油各自的页岩气示范区相继建成，证明了我国的页岩气勘探开发已经取得初步成效。按照《能源发展战略行动计划（2014—2020 年）》的规划，我国页岩气产量在 2020 年应该超过 $300 \times 10^8 \mathrm{m}^3$。尽管我国陆域页岩气地质资源潜力巨大，但由于我国地质情况复杂，技术和经验不足，虽然在页岩气开采的关键技术上取得重大突破，但距离大规模商业化开采还有很长的路要走。

页岩气储层是典型的低孔低渗致密储层，90% 以上的页岩气井必须采用压裂技术对储层进行改造才能获得有效产能，实现商业开发。目前，美国形成了以大规模滑溜水或"滑溜水+线性胶"分段、同步和重复压裂为主体的关键技术，有效实现了页岩气的商业化开采。由于国内水资源紧缺，加之压裂液返排问题可能导致地层水污染等因素，致使美国"千方砂子万方水"的压裂技术在国内适用性不强，因此"无水压裂技术"有望成为打开中国页岩气资源的钥匙，进而成为国内专家学者研究攻关的重点对象。

高能气体压裂作为一种火工技术与采油工艺综合应用的无水压裂技术兴起于 20 世纪 70 年代，并于 80 年代迅速发展，后期由于水力压裂的推广而渐渐衰落。事实上，美国早期开发页岩气的技术正是高能气体压裂技术。桑迪亚国家实验室经过大量的室内和现场试验研究后，对美国东部泥盆系页岩进行了施工，证明了高能气体压裂可以有效提高页岩气井的产量。

高能气体压裂由于可以得到多条裂缝，能量释放具有可控性，工艺简单易行，且裂缝具有自行剪切支撑而无需支撑剂等优点，近些年来已在各大油田得到推广应用，成为一种改造低渗、特低渗透储层的主要方法。但目前油田进行的高能气体压裂所采用的高能材料多为固体火药或固体复合推进剂，通过固体火药或固体复合推进剂的燃烧产生的大量高温高压气体将油气层压裂。固体火药或固体复合推剂燃烧速度快，峰值压力增加快，燃烧时间短，达不到大幅提高油气井产量，提高采收率的目的。而液体火药燃烧速度比固体火药慢得多，且装载药量可以是固体的几倍到几十倍，产生的裂缝长度也远远大于固体火药压裂的裂缝长度，具有大幅度增加近井地带油气泄流面积、油气井产量和提高最终采收率等特点。采用液体火药高能气体压裂技术来改造页岩气储层具有广阔的应用前景，有望成为一种新的有效增产技术手段。因此笔者所在的课题组依托国家自然科学基金面上项目"页岩气藏水平井液态气动力压裂增产新方法研究"（编号：51374170）和陕西省科学技术研究与发展计划项目"页岩气压裂储层多尺度孔隙气体赋存及流动规律研究"（编号：2015GY109）对页岩气储层液体火药高能气体压裂增产技术进行了初步探究，本书即是相关研究成果的总结。

本书在介绍了页岩气储层基本特征的基础上，主要由以下四个相对独立的部分组成。

（1）高能气体可压性评价方法。科学系统的可压性评价是压裂选层的基础，基于页岩矿物组分分类和细观力学参数建立页岩细观数值模型，运用数值试验的方法探究页岩脆性破坏机理，结合水平井高能气体压裂模型探究不同岩石力学参数对压裂裂缝形态的影响，从而建立了新的可压性评价方法，并通过分析矿物组分含量和力学参数相关关系确定了最适合高能气体压裂改造的页岩气储层的矿物含量分布范围。

（2）高能气体压裂裂缝起裂与扩展规律。高能气体压裂过程可分为应力波载荷与高能气体载荷作用两个阶段。在应力波载荷作用阶段，基于动力有限元方法，通过建立水平井高能气体压裂裂缝起裂模型，分析加载速率、峰值压力以及页岩力学参数对裂缝起裂的影响，并对加载速率与裂缝条数关系进行探讨。在高能气体载荷作用阶段，基于质量与动量守恒定律，运用扩展有限元方法，建立页岩气储层水平井高能气体压裂裂缝扩展的流固耦合模型，分析压力递减速率、页岩非均质性和天然裂缝与压裂裂缝几何形态关系，揭示裂缝起裂与扩展规律。

（3）高能气体压裂裂缝渗流规律。针对页岩气储层基质中广泛分布纳米级孔隙的特点和高能气体压裂裂缝特征，以及吸附气体的存在和气体流动形式复杂情况，基于 Langmuir 等温吸附方程、Polanyi 吸附理论和 FHH 吸附理论推导得到三种吸附厚度计算公式，通过 Knudsen 数表示出划分流动形式的临界孔道直径，利用质量通量物理意义推导得到表征基质中多种流动形式共存时气相表观渗透率，在微分方程中加入气体解吸项进行修正后得到页岩气储层水平井高能气体压裂裂缝网络渗流模型，通过求解对相关参数进行分析，从而揭示高能气体压裂裂缝渗流规律。

（4）高能气体压裂液体火药配方及优化设计。液体火药配方是保证水平井成功改造页岩气储层的核心，通过液体火药燃烧规律的基本法和内能法建立数学模型，得出液体火药基础配方的理论范围，再结合火药能量参数实验定量测定不同配比下的液体火药性能参数，并进行大尺寸岩心室外试验，从而优化火药配方，确定适用于现场的最优液体火药配方。

页岩气储层液体火药高能气体压裂增产技术的复杂性使其涉及的相关问题很多。在可压性评价方面，有关地质甜点和工程甜点评价参数的选取并未形成统一认识，其对最终的评价结果影响巨大；在裂缝起裂与扩展方面，虽然扩展有限元方法在模拟裂缝沿任意路径扩展时具有极大的优势，但在处理人工裂缝与天然裂缝相交问题时则具有很大的局限性；在压裂裂缝渗流规律方面，高能气体压裂所产生的径向多条裂缝与水力压裂裂缝大相径庭，如何有效表征其裂缝形态是准确探究渗流规律的关键；在液体火药配方方面，由于储层的压力温度特性差异，在现场应用时液体火药的性能与实验结果不能完全吻合，如何针对不同地层条件配制特定的配方是其关键。这些问题的存在势必对进一步的研究提出了更大的挑战，同时对新的技术、方法和手段的需求也显得极为迫切。本书只是一个初步的尝试，管中窥豹，抛砖引玉。跨尺度力学、精细裂缝表征技术和精细计算化学与实验等可能会成为进一步解决这些难题的钥匙。

本书由陈军斌和张杰撰写，最后由陈军斌和王汉青统稿，折文旭、魏波和王浩等也参与了本书部分章节的编写。本书的出版得到了西安石油大学优秀学术著作出版基金、国家自然科学基金项目（51374170）和国家科学技术学术著作出版基金的资助，陕西省油气田特种增产技术重点实验室、陕西省油气井及储层渗流与岩石力学重点实验室和西部低渗−特低渗透油田开发与治理教育部工程研究中心也给予了大力的支持和帮助，同时众多专家的建议与帮助使得本书的撰写变成了一项愉快的工作，在此一并表示感谢。

尽管我们做了精心的筹划与准备，但由于时间紧迫和笔者水平有限，书中的错误和不妥之处在所难免，敬请各位同行专家和读者批评指正。

陈军斌

2017 年 12 月于西安

目　　录

第1章 绪　　论

1.1　页岩气无水压裂开发的背景及意义

油气资源是国家发展必要的能源支撑。受国际油价下跌的影响，对外依存度持续上升和生产成本过高是中国油气资源面临的首要问题。目前，中国已成为全球第二大石油消费国，即将成为第二大天然气消费国。由于天然气具有良好的经济性和环保性，同时作为油气资源中的清洁能源，在众多工业和民用领域得到了广泛应用。随着常规天然气动用程度的不断上升，开发非常规天然气资源成为维持天然气能源稳定供给的必由之路。中国非常规天然气可采资源规模约为$100\times10^{12}\,\mathrm{m}^3$，是常规天然气资源的 5 倍，潜力巨大（邹才能等，2014）。

美国从 1984 年开始出台一系列政策鼓励非常规天然气的开发与生产，以解决天然气产量快速下降的颓势，经过多年的努力，终于于 2010 年重新成为世界第一大天然气生产国，其中非常规天然气所占比例超过 50%，进而终结了美国天然气进口量不断攀升的尴尬局面。截至 2013 年年底，美国天然气自给率已超过 95%，为其天然气出口，改变全球能源供给局面奠定了基础。据美国能源信息署（EIA，2013）的研究结果，到 2040 年美国的非常规天然气（主要包括致密气、煤层气和页岩气）将占到天然气总产量的 80%（图 1.1），其中页岩气的贡献不容忽视，届时将占到 53% 的比例。事实上，美国页岩气产量在 2013 年已达到$3100\times10^8\,\mathrm{m}^3$，占美国天然气总产量的 45%。因此，页岩气成为近期世界关注的热点也就不足为奇了。

根据美国能源信息署（EIA，2013）和世界能源研究所（Maddocks and Reig，2014）的研究结果，中国页岩气储量高达$30\times10^{12}\,\mathrm{m}^3$以上，位居世界第一。而我国国土资源部经初步评价指出我国陆域页岩气地质资源潜力为$134.42\times10^{12}\,\mathrm{m}^3$，可采资源潜力为$25.08\times10^{12}\,\mathrm{m}^3$（不含青藏区）。其中，已获工业气流或有页岩气发现的评价单元，面积约$88\times10^4\,\mathrm{km}^2$，地质资源为$93.01\times10^{12}\,\mathrm{m}^3$，可采资源为$15.95\times10^{12}\,\mathrm{m}^3$。我国有加快发展页岩气的有利条件，如果措施得当，可以大大缩短我国页岩气开发利用的发展过程，实现跨越式发展。预计 2020 年产量将超过$1000\times10^8\,\mathrm{m}^3$，达到我国目前常规天然气生产水平。因此，尽快实现页岩气规模开发，将有利于缓解我国油气资源短缺的现状，形成油气勘探开发新格局，甚至改变整个能源结构。

尽管中国坐拥世界第一的页岩气资源，但水资源的紧缺却制约了页岩气的高效

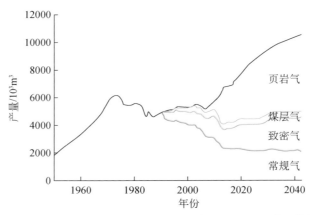

图 1.1　1950～2040 年美国天然气产量构成（据 EIA，2013 公开数据绘制）

开发和利用。美国切萨匹克能源公司的一份报告显示，在 Barnett 页岩气井作业时，钻井过程单口水平井用水约需要 $10000m^3$，而水力压裂过程中平均用水 $14300m^3$。在水资源丰富的美国这并不是严峻的问题，但对于页岩气富集地区大都位于中西部的中国，页岩气的大量开采显然会加剧这些地区本已严重的水资源紧张问题。

　　同时，页岩气的开采可能造成饮用水的污染。首先是返排水的处理，在水力压裂中，75% 的压裂液会流回地面，其中不仅含有用于保证水力压裂液流畅通、保护管道和杀死细菌的化学物质，还含有来自地下岩层的放射性物质和盐类。这些有毒污水必须先储存在现场，然后转移到处理厂或回收再利用，在美国，大多数公司都是利用地面挖出的露天储水池来储存返排水。但问题在于这些储水池的水有可能渗入地下或者随着雨季的到来外溢，进而污染地下水，除此以外还有管壁破裂风险。由于采气管道需要穿过含水层才能到达更深的页岩层，如果管壁因为质量问题发生破裂或空洞，天然气和压裂液就有可能泄漏到含水层中去。另外，由于高压压裂液开启的新裂缝可能会沟通天然裂缝，这些裂缝极有可能成为天然气或者化学物质向上渗入地下水中的通道。因此，强化无水压裂技术理论创新与攻关突破将有望开启中国页岩气开发的新纪元。

1.2　页岩气开发的主要无水压裂技术方式

1.2.1　二氧化碳压裂技术

　　二氧化碳压裂技术（King，1983；Gupta and Bobier，1998；沈忠厚，2010；Middleton et al.，2015）是指在压裂施工过程中，将二氧化碳作为压裂介质注入储层中，进而使储层形成裂缝，进一步增加溶解气的能量，从而达到增产的目的。按照其技术方式分类，主要可分为二氧化碳增能压裂技术和纯二氧化碳压裂技术两大类。前者在施工时，首先将二氧化碳作为预置液注入，然后再进行常规压裂（即水基压裂液仍作为前置液和携砂液）；后者则是将液态二氧化碳作为压裂液直接注入地层，使其在地层条件下气化进行施工。从 20 世纪 80 年代起，加拿大和苏联就已经采用该项技术对油气井实施增产改造，美国也将该技术运用于泥盆系页岩气的开发，证明了该项技术可以有效提高油气井产量。

与水力压裂相比二氧化碳压裂技术具有以下优点：①降低进入储层液量，且有效提高排液速率，进而减少对储层的伤害；②在压裂过程中，其混合液由于黏度高，因此具有较好的携砂性能，有效提高施工排量和砂比；③二氧化碳溶解形成酸性溶液，针对页岩储层黏土矿物含量高的特点，可以达到有效抑制黏土膨胀的效果；④二氧化碳如果形成泡沫压裂液，则其界面张力与水基压裂液相比明显较低，进而有效减小毛细管力和地层对压裂液的渗吸作用；⑤二氧化碳易于吸附在母岩表面，从而将吸附态的页岩气置换出来，且由于二氧化碳扩散系数大，可以进一步驱替页岩气，从而有效提高采收率。

但该项技术的不足主要在于：①在二氧化碳运输过程中存在重大安全隐患，且运输成本昂贵，而现阶段国内建立规模化的二氧化碳运输管网也较为困难；②在施工过程中，当井底压力快速下降时，二氧化碳相态容易发生变化形成冰层从而阻碍气流通行；③若该项技术的密封性能不好，有可能导致二氧化碳逸散，从而污染大气。

1.2.2 氮气压裂技术

氮气压裂技术（Freeman et al.，1983；Grundmann et al.，1998；蔡承政等，2016）是指将高浓度氮气（一般氮气体积浓度>60%）作为主要压裂液，携带支撑剂注入井下进行压裂作业。加拿大运用该技术开发阿尔伯塔中部埃德蒙顿组煤层气，而美国则运用该项技术开发 Ohio 组下部页岩气。

氮气压裂技术的优点主要在于其经济性和环保性，其最主要的优点如下：①氮气气源广泛，方便获取，价钱低廉；②氮气相态相对稳定，不会对储层造成伤害，且避免了黏土矿物遇水膨胀的问题；③气体清除过程简单，处理过程效率较高。

但该项技术的不足之处在于：①在压裂过程中，氮气流速过快时，支撑剂的安置将十分困难；②由于密度问题，氮气压裂过程中，支撑剂的沉降比较严重；③氮气运输费用高昂，增加了作业成本。

1.2.3 泡沫压裂技术

泡沫压裂技术（Phillips et al.，1987；Harris et al.，1991；谭明文，2008）是指以水基冻胶、线性胶、酸液、醇或油为分散介质，二氧化碳、氮气和空气为分散相，再添加各种添加剂形成泡沫体系压裂液，采用压裂工艺对储层进行改造。该项技术手段用于页岩气开发已超过 30 年。其原理主要是通过分散相的二氧化碳或氮气制造不同浓度速率的泡沫。

　　泡沫压裂技术的优点在于：①有效降低黏土矿物遇水膨胀的问题；②泡沫压裂液黏度较高，携砂性能好；③返排效果好，对储层伤害小；④当泡沫浓度达到一定程度时，可以有效防止压裂液的滤失。

　　该项技术的不足之处在于：①泡沫体系流变性较为困难，因此存在较高的摩阻，进而加大了地面的泵入压力；②泡沫体系的经济成本较高；③其安全方面的要求也较高。

1.2.4　丙烷/LPG 压裂技术

　　丙烷/LPG 压裂技术（Leblanc et al.，2011；侯向前等，2013；韩烈祥等，2014）是将纯液态丙烷，或丙烷和 LNG 的混合物，通过高压将其压缩成凝胶状态，再加入支撑剂作为压裂液对储层进行改造，该项技术曾在 2011 年获得"世界页岩气奖"，被誉为极有潜力的无水压裂技术。

　　丙烷/LPG 压裂技术的优点在于：①压力降低后，压裂液会成为气态，对黏土矿物不会造成影响，且能有效进入较小的孔道中；②有效使支撑剂完全悬浮，避免了普通压裂液由于黏度较低而导致的支撑剂沉降；③低表面张力和密度可以降低压裂过程中的能耗损失；④能与储层烃类融合，兼容性强；⑤流体损失较低，几乎可以达到 100% 回收。

　　该项技术的不足之处在于：①前期投入成本较高，对于设备的要求较为苛刻；②容易爆炸，对于安全要求较高；③其运输和储存难度较大。

1.2.5　高能气体压裂技术

　　高能气体压裂技术（纪树培和李文魁，1994；王安仕和秦发动，1998；Gilliat et al.，1999）是将固体或液体火药注入目的储层引燃，在燃烧过程中迅速产生大量高温高压气体，在极短的时间内将储层沿径向压开多条裂缝，从而实现提高储层采收率的目的。

　　高能气体压裂技术的优点在于：①可以沿径向形成多条裂缝，且裂缝由于剪切滑移作用无需支撑剂自行支撑；②根据药量大小可以实现对能量释放过程的有效控制；③对地层和环境的破坏和污染较小；④施工过程简单易行，成本低。

　　该项技术的缺点在于：①固体火药燃烧时间短，有时无法达到既定压裂效果；②液体火药虽能有效延长作用时间，但在复杂地层条件下可能发生无法点燃的情况。

1.3　页岩气高能气体压裂技术可行性分析

　　高能气体压裂裂缝是在短时间内加载形成的，其本身是一个动力学问题。只要井内压力高于井周岩石最小主应力，岩石就会产生裂缝。如果井内升压速度很高，所产生的第一条裂缝不足以宣泄井内压力，势必会产生第二条裂缝；如果第二条裂缝仍然不能宣泄井内压力，则产生第三条裂缝，以此类推。高能气体压裂施工中，虽然未加支撑剂，但裂缝不会自行闭合，除了塑性变形的原因外，剪切错位支撑和岩石骨架松动都可以使得裂缝自行支撑。目前国内外的研究成果基本认为，除机械作用外，高能气体压裂工艺还可以通过脉冲冲击波解堵、热效应降低流体黏度、化学作用燃烧形成酸性气体溶于地层水后对地层形成酸化效应等实现对储层的增产作用。

相比于水力压裂，高能气体压裂有很多优点，首先，由于高能气体压裂加载速率快，峰值压力高，容易形成相对复杂的裂缝网络，沟通更多储层基质；其次，高能气体压裂裂缝起裂时并不受储层原地应力的影响，可以形成不同方向起裂裂缝；再次，高能气体压裂会使得地层错动形成自支撑，对支撑剂并无需求，同时页岩气储层水力压裂过程会使用大量水资源，单口井压裂时水使用量可达到 10000m^3 以上，而高能气体压裂并不需要，相对更加经济。

不同压裂工艺在储层中形成的裂缝形态主要与峰值压力和加载速率两个因素有关。峰值压力主要决定裂缝是否能够起裂，当峰值压力大于储层最小主应力，便可以在储层中形成裂缝；压裂加载速率主要影响裂缝形成的数量和长度，较高的压力加载速率下容易形成长度小、数量多的裂缝体系。就峰值压力与压力加载速率参数来说，高能气体压裂和水力压裂有着本质的不同，两种压裂方法的主要参数对比见表 1.1。

表 1.1　高能气体压裂和水力压裂参数对比

压裂方法	峰值压力量级/MPa	升压时间量级/s	加载速度量级/（MPa/s）	总过程时间量级/s
高能气体压裂	10^2	10^{-3}	$10^2 \sim 10^5$	$10^{-4} \sim 10$
一般水力压裂	10	10^2	<10	10^4

表 1.1 为现场试验时记录的高能气体压裂和水力压裂两种压裂过程中主要参数范围（王安仕和秦发动，1998）。两种压裂方式均可实现峰值压力大于储层最小主应力，从而使储层起裂，它们各自的特点为：

（1）高能气体压裂压力加载速率较快，但是相对爆炸压裂要慢，压力升高至峰值压力的时间为毫秒级，峰值压力也比较高，在压力加载速率相对较低的情况下，燃烧产生的压力波传递较快，也较远，因此，产生的裂缝并不受原地应力的控制，在储层中可以形成多条短裂缝［图 1.2（a）］。

（2）水力压裂的压力加载速率较慢，压力波传播时间较长，因此储层中井壁附近的压力来不及憋压至产生多条裂缝，压力波已经沿已有裂缝传播至远处，所以水力压裂形成的裂缝受到储层原地应力控制，一般容易形成垂直于最小主应力方向的对称双翼裂缝［图1.2（b）］。

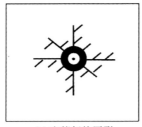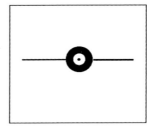

(a) 高能气体压裂　　　　　　　　(b) 水力压裂

图1.2　两种压裂裂缝示意图

由于升压时间及加载速率的不同，高能气体压裂明显区别于水力压裂。调研国内外的相关实验结果，发现高能气体压裂由于火药种类和加药量的不同，决定了压力加载速率的不同，最终形成的压裂裂缝类型也不同。压裂裂缝的类型可以分为以下三种情况：①相对于井筒形成对称的两条裂缝；②生成不受地应力影响的多裂缝，裂缝数量在3~8条；③井壁产生无数短裂缝，造成井壁损坏。通过预测产生多裂缝压力加载速率范围，可以避免形成井崩型裂缝。

如果选择液体火药，由于其自身的燃烧特性是先经雾化后再燃烧，从而燃烧时间相对较长，压力持续时间更久，另外由于其最高压力相对固体火药高能气体压裂要小，可以利用分段延迟燃烧技术，将液体火药推送至更深的目标层段，分段点燃，因此可以形成长裂缝。通常使用固体火药产生的裂缝长度为2~8m，而液体火药形成的最大缝长则可达到25m，平均缝宽一般为1mm左右。在基质渗透率极低的情况下，较窄的裂缝的导流能力已经足以满足气体流动的需求，因此高能气体压裂适用于页岩气开发所需要的复杂裂缝网络。

1.4　页岩气储层基本特征及对压裂改造的影响

1.4.1　页岩气储层基本特征

页岩气藏与常规气藏最主要的区别在于储层中没有明显的圈闭，富含有机质的页岩不仅是生油（气）层，也是储层，同时也可能是盖层。一般成藏时间早，就地成藏，自生自储，气体分布和组成呈现明显的非均质性和多样性。下面从沉积学特征、含气性特征、岩石学特征和物性特征四个方面对页岩气储层基本特征进行分析。

1.4.1.1　页岩气储层沉积学特征

页岩按照沉积类型，一般可分为海相、陆相和海陆过渡相，这三种类型的页岩气储层在中国广泛发育，不同的沉积类型决定了页岩的有机质含量和成熟度存在很大的差别（邹才能等，2010）。欠补偿的深海—半深海盆地、台地边缘深缓坡和半闭塞—闭塞的欠补偿海湾是海相页岩的有利沉积环境；而湖湾和半深湖—深湖则是陆相页岩的有利沉积环境。海相沉积页岩多为厚层、巨厚层状；海陆过渡相页岩则夹杂砂岩、煤层，形成多种岩性互层；陆相页岩单层较薄，但累积厚度大。海相沉积页岩，容易形成有机碳含量高、硅质和钙质矿物含量高而黏土矿物少的硅质泥页岩，而海陆过渡相和陆相页岩则容易形成高黏土低硅质、钙质的泥页岩。且不同沉积类型对页岩的成岩作用等都有显著影响，从而造成页岩含气性、矿物组成和力学性质等的非均质性，而页岩的非均质性则对页岩储层的增产改造具有重要意义。

1.4.1.2 页岩气储层含气性特征

页岩气主要包括吸附气、游离气和溶解气三类。其中吸附气以吸附态赋存于有机质、干酪根、黏土矿物和孔径表面，游离气以游离态赋存于孔隙和裂缝中，而溶解气则以溶解态赋存于沥青、束缚水和页岩油中。由于溶解气非常少，几乎可以忽略，所以页岩气主要以吸附态和游离态赋存于储层中。大量研究表明，吸附作用是页岩气赋存的重要机理之一。早期专家学者认为吸附气含量会占到页岩气总含量的20%~85%（Curtis，2002），但随着研究的不断深入，现阶段国内外学者普遍认为吸附气至少占页岩气总含气量的40%（陈方文等，2015），对页岩储层总含气量具有重要贡献。加之游离气容易发生扩散和渗漏作用而导致散失，从而引起储层压力下降，进一步促进吸附气的解吸附作用，游离气和吸附气之间存在一种动态平衡。因此，从某种意义上说页岩储层吸附气含量是评价页岩气富集程度的重要指标。

1.4.1.3 页岩气储层岩石学特征

有机质和无机矿物是页岩的主要组成部分。有机质是生烃的物质基础，通常用 TOC 来表征，其含量的多少显著影响着页岩储层的生气潜力和吸附气含量，具有高有机碳含量是优质页岩气储层的基本特征，根据邹才能等（2014）的研究成果，页岩气远景区、有利区和核心区的有机碳含量依次不应低于0.5%、1.5%和2.0%。有机质受成熟度影响显著，随着页岩储层成熟度的增高，有机质更容易转化为页岩气。而无机矿物则构成页岩的"骨架"，含气页岩主要由碎屑矿物、碳酸盐矿物和黏土矿物组成。碎屑矿物主要包括石英和长石等轻矿物，部分发育黄铁矿等重矿物；碳酸盐矿物则包括方解石和白云石，少量页岩还发育石灰石；黏土矿物主要包括蒙脱石、伊利石、高岭石和绿泥石等（图1.3）。

有机质和无机矿物受到沉积和成岩作用的显著影响。海相页岩总有机碳含量明显高于海陆过渡相和陆相页岩，且海相页岩碳酸盐矿物和石英类矿物含量也比

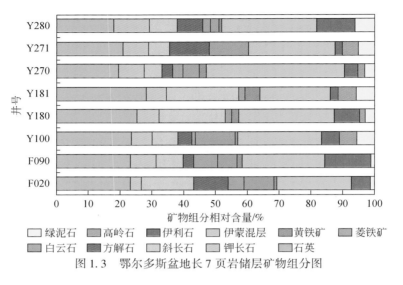

图 1.3　鄂尔多斯盆地长 7 页岩储层矿物组分图

海陆过渡相和陆相页岩含量高，像黄铁矿等矿物主要发育在海相页岩中，最多可高达 25%（Ju et al.，2014）。有机质与无机矿物并不相互孤立，有机质主要呈分散型、局部富集和全部富集于无机矿物之间（苗建宇等，1999）。

1.4.1.4　页岩气储层物性特征

页岩储层岩性非常致密，物性较差，较低的孔隙度和极低的渗透率是其主要特征。美国主要页岩气产区的页岩孔隙度一般分布介于 2%～14% 之间，渗透率普遍小于 0.1mD①（Bowker，2007）。我国现阶段页岩气已初步实现商业开发的产区主要集中在涪陵和长宁–威远地区，根据测试结果，我国页岩气储层物性和美国主要产区相差不大，具体对比参数如表 1.2 所示。

表 1.2　中美主要页岩气产区物性对比

盆地	页岩层系	孔隙度/%	渗透率/mD
Fort Worth	Barnett	4～5	0.0001～0.01
Michigan	Antrim	2～8	<0.1
Illinois	New Albany	8～9	0.00001～1.9
San Juan	Lewis	3～9	0.0001～0.1
Appalachain	Ohio	9	<0.1
Appalachain	Marcellus	3～5.5	0.001～0.1

① 1mD = 1×10⁻³ μm²。

盆地	页岩层系	孔隙度/%	渗透率/mD
Arkoma	Woodford	10	0.0001 ~ 0.01
Arkoma	Fayetteville	5 ~ 9.5	0.0001 ~ 0.01
四川	筇竹寺组	1 ~ 2.5	0.00001 ~ 0.0001
四川	龙马溪组	0.69 ~ 6.15	0.00001 ~ 0.0001
鄂尔多斯	长7	1.69 ~ 6.83	0.00001 ~ 0.00043

注：部分数据源于刘玉婷（2012）、杨海雨（2014）的统计结果。

虽然页岩储层物性极差，但仍然具有一定的储集和渗流条件，这源于页岩储层复杂的孔隙结构中发育多种尺度的孔隙类型。小的孔隙有利于气体的贮存，大的孔隙则有利于气体的渗流。根据各种孔隙尺度，可将这些孔隙类型分为三大类：一是有机质中的纳米级粒内孔，二是无机矿物中的纳米—微米级粒间孔，三是较为丰富的微米—毫米级天然裂缝（姚军等，2013）。页岩气在前两类孔隙中主要发生克努森扩散、过渡扩散、菲克扩散和滑脱渗流，而在天然裂缝以及后期人工改造裂缝中则以达西渗流为主，多尺度孔隙系统决定了页岩储层的多种流动形式，从而保证了在进行压裂改造后，页岩气能通过多种尺度通道进入井筒。

1.4.2 页岩气储层特征对储层改造的影响

1.4.2.1 有机质含量

总有机碳（TOC）含量是筛选评价储层是否适合压裂改造的关键参数之一。其对储层可压性的影响主要在于有机质含量的多少直接控制着储层的含气量，尤其是吸附气量（蒲泊伶，2008）。大量的生产实践证明总有机碳含量与页岩储层吸附气含量成正比，总有机碳含量越高，页岩储层的吸附气含量就越高。页岩气产量递减率非常高，一般在开采后的第二年产量就会下降60% ~ 70%，因此当大量的游离气采出后，吸附气解吸量的多少就决定了开采年限的长短，从而影响最终产能。当TOC小于0.5%时，干酪根质量很差，气体生成量很低，此时储层不具备含气潜力；当TOC介于0.5% ~ 2.0%之间时，干酪根质量由差变为一般，气体生成量由低变为一般，当TOC达到2.0%时基本达到了储层适合开发的下限值；当TOC大于2%时，随着TOC含量进一步升高，干酪根质量越来越好，气体生成量也逐渐增高，此时储层含气潜力大，适合进行改造。且有机质中的孔渗物性条件明显优于页岩基质内部的孔渗物性条件，又在一定程度上影响着裂缝的发育和分布（胡昌蓬等，2012），加上总有机碳含量的多少对含气页岩储层的岩石密度影响巨大，进而对页岩储层的力学性质，尤其是脆性影响显著（刘双莲等，2015）。

1.4.2.2　成岩作用

页岩储层在不同成岩阶段具有不同的储层特征（表 1.3）。其矿物组成和孔隙结构均有较大的差异，且对生气阶段和类型也有一定的影响，因此对储层改造也具有显著影响。镜质组反射率是反映页岩成熟度的关键指标（Jarvie et al.，2007），反映了页岩气的生成条件，用它来表征页岩的成岩作用较为合适，且它与页岩气流动速率和储层脆性均有显著的关系（Wang and Gale，2009）。当 R_o 小于 0.5% 时，页岩处于早成岩阶段，此时黏土矿物等还未发生转化，属于未成熟或低成熟阶段，气体流量小 $12.74 \times 10^3 \, \text{m}^3/\text{d}$；当 R_o 介于 0.5% ~ 1.3% 之间时，处于中成岩阶段 A 期，此时黏土矿物中的高岭石发生较为明显的绿泥石化作用，裂缝溶孔开始发育，随着成熟度进一步升高，孔隙度开始发生明显下降，此时气体流量介于 12.74×10^3 ~ $21.24 \times 10^3 \, \text{m}^3/\text{d}$ 之间；当 R_o 介于 1.3% ~ 2.0% 之间时，处于中成岩阶段 B 期，此时黏土矿物中的伊利石和绿泥石开始明显增多，生烃量有

表 1.3　成岩作用划分及特征

盆地成熟度	黏土矿物来源	黏土矿物组合特性	烃类成熟阶段	伊利石结晶度	镜质组反射率/%	成烃阶段	成岩阶段
未成熟	自生 + 继承性	蒙脱石+高岭石+伊利石+绿泥石	未成熟	约 1.0		生物气	早成岩阶段
					0.5	重质—轻质油阶段	
成熟	自生+继承性+次生	高岭石+伊/蒙混层+伊利石+绿泥石	成熟		0.7	湿气阶段	中成岩 A 期
		伊/蒙混层+伊利石+绿泥石	高成熟		1.3		中成岩 B 期
过成熟或低变质	继承性+次生	伊利石+绿泥石	过成熟早期	0.42	2.0　2.5　3.0	干气阶段	晚成岩阶段
			过成熟晚期	0.3　0.25	4.0	干气阶段	
			变质期			生烃终止	变质阶段

资料来源：Merriman，2005；王秀平等，2014。

所增加，溶孔和基质孔隙度也较之前有所上升，此时气体流量介于 $21.24×10^3$ ~ $25.49×10^3 \mathrm{m}^3/\mathrm{d}$ 之间；当 R_o 介于 2.0% ~ 3.0% 之间时，处于晚成岩阶段 A 期，此时各种不稳定矿物逐步趋于稳定，开始显现出脆性，裂缝开始发育，生烃量进一步增加，气体流量介于 $25.49×10^3$ ~ $28.32×10^3 \mathrm{m}^3/\mathrm{d}$ 之间；当 R_o 介于 3.0% ~ 4.0% 之间时，处于晚成岩阶段 B 期，此时伊利石和绿泥石为黏土矿物的主要成分，硅质矿物以稳定的石英为主，脆性稳定，气体流量大于 $28.32×10^3 \mathrm{m}^3/\mathrm{d}$；当 R_o 大于 4.0% 时，处于变质阶段，此时矿物稳定，属于过成熟阶段，此时气体流量由变质程度决定。因此，成岩作用对页岩气生成和矿物发育均有重要影响。

1.4.2.3　岩石力学属性

页岩岩石力学属性是影响页岩储层改造的另一重要因素，各种力学参数值从不同方面反映了页岩本身的力学特征，但无论用何种力学参数来表征，都是为了反映页岩脆性破坏的特征。

杨氏模量和泊松比是最常用的页岩脆性评价力学参数。杨氏模量是纵向应力与应变的比值，主要用来描述材料受力后抵抗形变的能力，主要反映材料刚性的大小。而泊松比则是横向正应变与轴向正应变的绝对值的比值，主要用来表征材料横向变形的能力。将这两个能反映材料基本性质的力学参数引入页岩储层力学评价中，杨氏模量反映了页岩储层经压裂改造后维持人工裂缝的能力，而泊松比则反映了页岩在压裂过程中的破裂能力。因此杨氏模量越高，泊松比越低，储层脆性越强，页岩储层压裂时越容易破裂，且压后裂缝不容易闭合；杨氏模量低，泊松比高，则储层塑性强，页岩储层压裂时不容易破裂，且压后裂缝易闭合（图1.4）。

脆性特征参数	裂缝形态示意图		裂缝闭合剖面
70	缝网	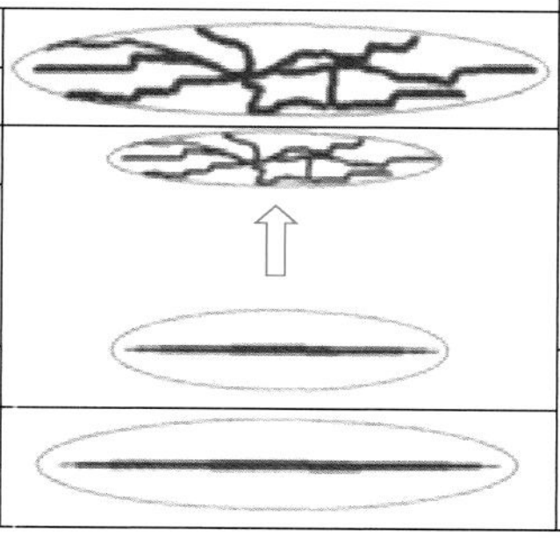	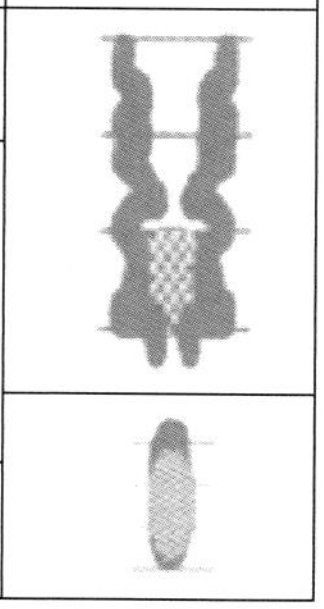
60	缝网		
50	缝网与多缝过渡		
40	缝网与多缝过渡		
30	多缝		
20	两翼对称		
10	两翼对称		

图 1.4　以杨氏模量和泊松比为评价标准的脆性指数（修改自 Rickman et al.，2008）

1.4.2.4　岩石矿物组成

页岩的矿物组成对储层的力学性质、物性条件以及含气性也具有较为显著的影响。页岩中的矿物按照自身的力学性质可分为脆性矿物和塑性矿物，碎屑矿物和碳酸盐矿物都属于脆性矿物，而黏土矿物则属于塑性矿物。脆性矿物含量高，储层脆性强，在压裂改造时人工裂缝就越容易与天然裂缝相沟通，并产生诱导裂缝，从而形成复杂的裂缝网络；而塑性矿物含量高则导致压裂过程中能量的耗散，最终形成类似于常规油藏改造所形成的双翼裂缝，不利于实现体积改造。

碎屑矿物是页岩储层最主要的脆性矿物，尤其是石英（准确地说应该是石英族矿物，包括 SiO_2 一系列同质多象变体），SiO_2 含量高，莫氏硬度7，性脆，物理性质稳定，在外力的作用下容易破碎产生裂缝，且石英含量高的储层，天然裂缝也较为发育。其次长石也是不可忽略的脆性碎屑矿物，在成岩作用晚期，不稳定的长石会向稳定的长石族矿物（正长石、斜长石等）和石英转化（石英次生加大），所以石英往往会和长石（尤其是酸性及中性斜长石）共生，长石莫氏硬度6，也具有很高的脆性。

碳酸盐矿物也是另外一类脆性矿物，主要包含方解石和白云石，这两类矿物中主要含有 Ca^{2+} 和 CO_3^{2-}，所以有些文献亦称其为钙质矿物，方解石莫氏硬度为3，白云石为 $3.5 \sim 4$，较脆。除了这两种矿物外，像菱铁矿、菱镁矿均与其具有较为相似的物理性质。虽然碳酸盐矿物的脆性不如碎屑矿物强，但碳酸盐矿物是判断天然裂隙是否发育的一项重要指标（Mathews et al.，2007），碳酸盐矿物含量高，说明页岩储层天然裂隙较为发育，但这些天然裂隙往往都是由石英或碳酸盐充填的闭合缝。这些充填着矿物脉体的天然闭合缝是页岩储层的脆弱面，在压裂过程中，人工裂缝会首先激活这些闭合的天然裂缝，由于岩性的差异，这些裂缝会产生相对的剪切滑移，从而和人工裂缝形成复杂的裂缝网络。也有研究表明，富含石英的黑色页岩要比富含方解石的灰色页岩脆性更高，天然裂缝更发育（聂海宽等，2009）。

黏土矿物是页岩储层中的塑性矿物，主要包括伊利石、绿泥石、蒙脱石和高岭石。伊利石在储层中常以鳞片状的致密块状集合体出现，莫氏硬度 $1 \sim 2$；绿泥石也常呈鳞片状集合体出现，硬度随 Fe 含量增多而增加，一般硬度 $2 \sim 2.5$；蒙脱石则以细小的鳞片土状、致密块状出现，莫氏硬度 $1.5 \sim 2.5$，具有很强的吸附能力和离子交换能力；高岭石一般以假六方片状或不规则鳞片状的集合体出现，集合体多呈蠕虫状、土状和致密块状，莫氏硬度1。以往的研究表明黏土含量越高，越不利于裂缝网络的形成。对于水力压裂来讲储层塑性越高支撑剂越容易镶嵌在储层内，无法起到支撑人工裂缝的作用，裂缝容易闭合。而对于高能气体压裂来讲，虽然不存在支撑剂的问题，但塑性过高的地层会显著降低高能气体的能量，导致压裂效果不理想。黏土矿物影响储层改造的另外一个因素就是会引起储层不同程度的敏感性，即通常所说的"水敏"、"速敏"、"酸敏"和"盐敏"，由于黏土矿物性质较不稳定，容易对页岩储层造成不同程度的伤害，尤其是对压裂液的敏感性会显著影响储层的改造效果。但不同黏土互相转化过程中容易产生微裂缝（赵杏媛等，2012），且由于较高的空隙体积和较大的比表面积，黏土矿物对气体具有极强的吸附用（Ross et al.，2008），从而对页岩储层吸附气含量具有一定的贡献，且黏土矿物对页岩孔隙物性也有不同程度的影响。

1.4.2.5　其他因素

除了上述可以定量描述影响页岩储层改造的因素外，还有一些无法定量描述但对储层改造仍具有一定影响的其他因素。

1. 天然裂隙发育情况

页岩储层中天然裂隙的发育情况显著影响着页岩储层压裂改造效果，一方面天然裂隙是页岩气主要的储存空间和运移通道，另一方面天然裂隙发育程度决定了储层在压裂后是否容易实现"体积改造"。天然裂隙的发育主要受控于页岩岩性和矿物组分，除此之外构造作用等区域地质作用也对天然裂隙的形成具有很大的影响。现阶段实现商业化开采的页岩区块普遍天然裂缝较为发育，如北美的Barnett 页岩就发育大量的构造微裂缝。

天然裂隙是岩体最为脆弱的部分，在一定程度上影响着裂隙的延伸和扩展，而且天然裂隙被人工裂缝激活后，容易发生剪切滑移，从而进一步增加了裂缝的导流能力。

2. 地应力差值

地应力差值也是影响页岩储层改造效果的因素。自然条件下，岩体一般会受到 3 个相互垂直的构造应力作用，即 1 个上覆应力和 2 个水平方向主应力。一般压裂产生的人工裂缝总是顺着最大水平主应力的方向延伸，但由于受到天然裂隙组合模式和与不同应力场的相对方位影响，裂缝可能会发生转向，从而产生不同的效果。陈勉等（2008b）通过实验证实了水平应力差值控制着缝网的形成，水平应力差值越大，裂缝以主裂缝伴随分支裂缝的模式进行扩展，而在水平应力差低的情况下，较为容易形成复杂的网状裂缝扩展模式。张旭等（2013）也指出，当水平应力差值与最小主应力比值小于 0.3 时，页岩储层较为容易形成网状裂缝。

第2章 高能气体压裂可压性评价方法

为了避免压裂的盲目性，进而获得良好的储层压裂改造效果，需要在压裂前对页岩气储层进行科学的可压性评价论证。具有较高的加载速率是高能气体压裂技术的主要特征，因此只有脆性地层才具有较好的适用性。大量生产实践已经证明，高能气体压裂技术对灰岩、白云化灰岩、白云岩和泥质含量较低（小于10%）的砂岩储层均有较好的改造效果，而对适用于高能气体压裂的页岩储层特征研究，尤其是页岩矿物组成和分布范围对压裂改造的影响，国内在此方面仍处于起步阶段。页岩储层受脆性矿物影响巨大，且泥质含量高，因此以矿物组分含量为基础，从细观力学层面探究页岩脆性破坏机理，结合高能气体压裂技术特点形成可压性评价方法对于指导生产实践具有重要意义。

2.1 基于矿物组分含量和细观力学的页岩脆性破坏分析

页岩在脆性破坏过程中所表现出的非线性复杂力学行为可以归结为其内部不同矿物所具有的细观力学特性差异，不同细观介质的力学差异显著影响着页岩的宏观力学特性。以页岩矿物组分分类为基础，结合不同矿物类型的细观力学参数，建立页岩细观数值模型，通过不同条件下的数值试验，探究分析页岩脆性破坏过程，以期揭示其脆性破坏机理。

2.1.1 破坏问题的研究尺度

在石油工程领域的岩石的力学实验测试中，岩石均被视为均质体，即认为岩石材料是均匀连续和各向同性的，也就是说岩石内部任一点的属性均是相同的。这样处理问题的结果就是岩石内部的特征均被忽略掉了。但随着测试手段的不断提高和发展，观测水平从宏观到介观，再到细观乃至微观均成为可能。不同的观测水平决定了不同的视野，而全尺度的范围的精确掌握已是大势所趋。对于岩石材料而言，微观尺度主要关注的是构成造岩矿物的原子和分子，细观尺度则主要关注造岩矿物的晶体颗粒，介观尺度关注点在于包含一定数量的具有相同性质的矿物晶体颗粒、胶结物和微空隙的集合体，宏观尺度则关注包含足够多的介观尺度集合体所构成的综合，即岩样。而对于这四种尺度而言，各尺度构成体均是均匀连续和各向同性的。

尺度的差异决定了认识和研究方法的差异，因此当探究多尺度演化问题时，倘若局限于单个尺度则无法解决问题。大量的研究结果表明，对于演化问题的研究，从材料的较低层面特征入手来诠释较高层次的行为是一条有效的途径。岩石的破坏过程可以视为一个由微观到宏观的多尺度演化问题，因此仅凭借宏观观测的方法无法从根本认识其破裂机理。然而复杂问题往往是简单问题的集合，对于许多宏观尺度层面的复杂现象，在其微观或细观层面看来却是相对简单明了，但当这些简单问题以随机的方式组合在一起却往往表现出极为复杂的行为，因此一个合理的研究尺度对于简化宏观现象，解决宏观复杂问题具有事半功倍的效果。

　　页岩压裂后所形成复杂缝网（即破碎带）的过程可视为远离平衡条件下的演化问题，而对于岩石材料的破裂问题，其宏观尺度和微观尺度之间没有较为简单的联系，因此对于岩石而言，从细观层面出发来研究宏观现象的行为模式更具有可行性。夏蒙梦等（1995）指出：细观尺度是一种介于微观和宏观之间的尺度，是一种相对概念，其范围的划分与具体研究的宏观现象有关。对于岩石材料来讲，细观力学具有很宽的应用范围。从细观层面研究页岩脆性破坏的问题，需要从其矿物组成及性质入手，因此通过矿物分类来表征页岩细观非均质性为其研究提供了可能，也对矿场上长期以来用脆性矿物评价页岩储层可压性从理论上给出了合理的解释。

2.1.2　建立数值模型的基本方法

　　传统岩石力学将岩体破坏过程的非线性用宏观层面的弹塑性来表征，这种基于经典力学理论的本构在处理岩石受力变形和断裂分析问题上使计算变得简单，且在工程精度条件下也能较为准确地反映实际情况，但其缺点在于无法全面表征岩体变形和断裂的发展过程，尤其制约着对机理层面的进一步探究。

　　岩石介质的非均质性决定了其在宏细观层面的显著差异，大量的研究结果已经证实了岩石受力后的力学行为可以从其细观层面得到答案。从细观角度出发，结合细观力学特征，表征宏观力学性质的非均质性，通过建立数值模型来探究分析岩石受力后的破坏过程，已成为细观力学领域的重要发展趋势。

　　针对页岩岩性特征，基于矿物组分和含量来表征页岩的非均质性，建立相应的页岩数值模型。基本方法如下：

　　（1）通过铸体薄片、扫描电镜、CT 和 X 衍射获得页岩矿物组成图像，通过观察分析确定单个矿物颗粒大小；

　　（2）根据矿物分类，将不同矿物类别定义为不同的细观介质，以不同细观介质的组合形式来表征非均质性；

　　（3）忽略胶结物和微空隙的影响，认为细观介质之间为紧密排列；

　　（4）赋予不同细观介质不同的细观力学参数值；

　　（5）采用有限元方法进行相关的应力分析和计算，相关力学性质研究借助成熟的商业有限元软件实现。

2.1.3 数值试验

2.1.3.1 数字图像的获取与非均质性表征

1. 铸体薄片图像分析

通过分析铸体薄片（图 2.1），可知：薄片（a）中黏土成分以伊利石为主，部分被铁质浸染，有机质丰富，以分散形态分布在页岩中，但炭化或石墨化严重，泥质呈聚集状态分布在，石英微粒 0.01~0.02mm，零星分布，在局部区域有集中；薄片（b）中黏土矿物发育，也以伊利石为主，发育少量绿泥石，呈不规则凝斑状，显微球粒状分布，有机质较丰富，但已严重炭化，局部可见微裂缝，但均被方解石所充填，偶尔可见蚀变的绢云母呈针状定向排列；薄片（c）中有机质与黏土高度混杂，局部呈破絮状，丝网状，少量石英、长石微粒星散状分布，其中小颗粒呈粉末状不规则纤维斑状，亦可见少量放射虫和硅化腕足类细小碎片。薄片（d）中伊利石和绿泥石呈规则显微球粒结构，质点大小 0.03~

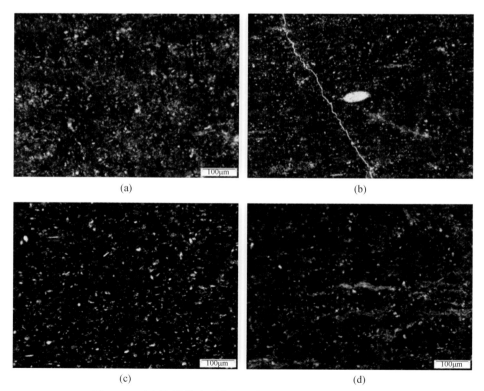

(a)   (b)

(c)   (d)

图 2.1 页岩铸体薄片图像（鄂尔多斯盆地长 7 页岩储层）

0.06mm，部分颗粒质点可达 0.1mm，局部呈不规则显微球粒结构，丝网状互相黏结，少量伊利石绢云母化强烈，具明显的丝绢光泽。显微状定向排列，正交偏光下整体消光。偶见硅化的生物碎片，发育灰黄色纹层状构造，纹层呈不等厚叠加，富含石英等细粉砂级碎屑颗粒及白云母碎片，局部发育少量正长石。

2. 扫描电镜及 X 衍射图像分析

图 2.2 为美国 Eagle Ford 盆地某页岩高分辨率扫描电镜图像，图 2.3 为对图 2.2 中（a）运用 X 光衍射能谱识别技术进行矿物识别，并通过伪色处理，对不同矿物赋予不同色彩。结合铸体薄片，观察分析可知，页岩储层矿物组成主要包括石英、长石、方解石、白云石、伊利石和绿泥石等，按照这些矿物的力学性质可将其分为三大类：一是碎屑矿物，主要包括石英和长石；二是碳酸盐矿物，主要包括方解石和白云石；三是黏土矿物，主要包括伊利石和绿泥石。页岩中的矿物组成和含量是决定其岩石物理力学性质的主要因素，在某些条件下岩石的矿物力学特性甚至会产生决定性影响（Mavko et al.，1988），因此可用这三大类矿物来构建页岩数值模型，从而实现非均质表征。

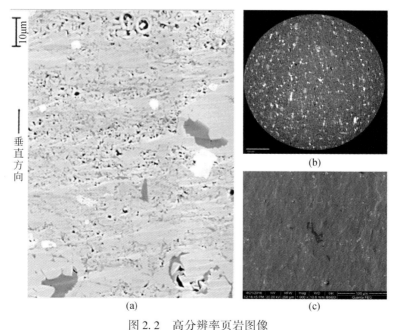

图 2.2　高分辨率页岩图像

（a）Eagle Ford 页岩高分辨率扫描电镜图像（源于 Walls et al.，2011）；

（b）长 7 页岩 CT 扫描图像；（c）长 7 页岩扫描电镜图像

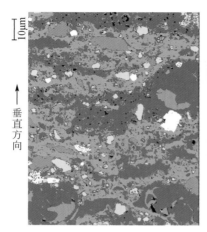

组分	体积百分比/%
黏土矿物	23.3
孔隙	1.6
有机质	3.4
方解石	57.4
石英	4.3
斜长石	8.1
黄铁矿	1.8
其他	0.1

图 2.3　X 光衍射能谱伪色处理后的页岩扫描电镜图像

对图 2.2 中（a）的处理（源于聂昕，2014）

2.1.3.2　数值模型

1. 物理模型描述

在进行页岩岩心力学测试时，三轴压缩试验是测定岩石变形和强度特性常用的手段，尤其是侧向等压三轴压缩试验，即在有围压的条件下研究岩石变形［图2.4（a）］。由于在加载过程中小岩心柱所受围压相同，为了使问题简化，因此在数值试验时可将加载过程简化为平面应力问题来处理［图2.4（b）］。

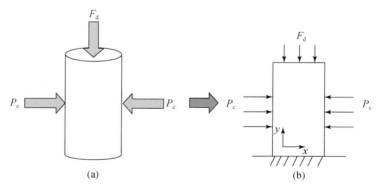

图 2.4　物理模型及加载模式

2. 数学模型描述

1）矿物细胞元表征

根据矿物分类，构建页岩数值模型［图2.5（a）］，考虑到计算过程中不同矿物颗粒界面间的能量传递，采用均匀的正方形来表征单个矿物颗粒，并将其组合形成联合体，其中白色代表硅质矿物，灰色代表碳酸盐矿物，黑色代表黏土矿物。页岩的单个矿物颗粒一般会达到微米级别，但对于脆性页岩来讲其矿物颗粒发育往往不是零星分布，而是形成一定的集合体，尤其是成层性好的页岩，会有矿物脉体发育。Kelly 等（2015）运用 FIB-SEM 图像构建 3D 页岩数字岩心时指出页岩表征单元体积（REV）不应该小于 $5000\mu m^3$。考虑到这一点，正方形采用 1mil（1mil=0.0254mm）的边长，即单个矿物细胞元（罗荣等，2012）尺寸为 0.0254mm×0.0254mm，矿物介质内部认为是均匀的，且忽略微观尺度上的缺陷影响（包括忽略孔隙和天然裂缝）。由于构建的颗粒本身较小，为了使模拟效果更为明显，在计算网格剖分时采用极端粗化的网格。考虑到计算机的运算能力，且只是为了探讨页岩内部不同矿物受力后的应力分布状态，因此只用 255 个正方形构成此次模拟的页岩数值模型 [图 2.5（b）]。

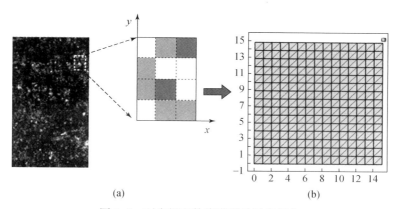

图 2.5　页岩细观数值模型及网格剖分

2）数学模型

对于平面应力问题，如果要使方程有解，除了三个基本方程外，还应包含边界条件。其数学模型的基本方程包括平衡方程、几何方程和物理方程；而边界条件则由位移边界和应力边界组成，具体如下：

（1）基本方程

①平衡方程：

$$\begin{cases} \dfrac{\partial \sigma_x}{\partial x} + \dfrac{\partial \tau_{yx}}{\partial y} + f_x = 0 \\ \dfrac{\partial \sigma_y}{\partial y} + \dfrac{\partial \tau_{xy}}{\partial x} + f_y = 0 \end{cases} \tag{2.1}$$

②几何方程：

$$\begin{cases} \dfrac{\partial u}{\partial x} = \varepsilon_x \\[2mm] \dfrac{\partial v}{\partial y} = \varepsilon_y \\[2mm] \dfrac{\partial v}{\partial x} + \dfrac{\partial u}{\partial y} = \gamma_{xy} \end{cases} \tag{2.2}$$

③物理方程：

$$\begin{cases} \dfrac{E}{1-\mu^2}(\varepsilon_x + \mu\varepsilon_y) = \sigma_x \\[2mm] \dfrac{E}{1-\mu^2}(\mu\varepsilon_x + \varepsilon_y) = \sigma_y \\[2mm] \dfrac{E}{2(1+\mu)}\gamma_{xy} = \tau_{xy} \end{cases} \tag{2.3}$$

为了数值求解方便，将物理方程写为矩阵形式：

$$\begin{Bmatrix} \sigma_x \\ \sigma_y \\ \tau_{xy} \end{Bmatrix} = \begin{bmatrix} \dfrac{E}{1-\mu^2} & \dfrac{\mu E}{1-\mu^2} & 0 \\[2mm] \dfrac{\mu E}{1-\mu^2} & \dfrac{E}{1-\mu^2} & 0 \\[2mm] 0 & 0 & \dfrac{E}{2(1+\mu)} \end{bmatrix} \begin{Bmatrix} \varepsilon_x \\ \varepsilon_y \\ \gamma_{xy} \end{Bmatrix} \tag{2.4}$$

式中，σ_x 为 x 方向正应力，MPa；σ_y 为 y 方向正应力，MPa；τ_{yx}，τ_{xy} 为 xy 平面切应力，MPa；f_x 为 x 方向外力，MPa；f_y 为 y 方向外力，MPa；u 为 x 方向位移，mm；v 为 y 方向位移，mm；ε_x 为 x 方向应变，mm；ε_y 为 y 方向应变，mm；γ_{xy} 为 xy 平面切应变，mm；E 为杨氏模量，GPa；μ 为泊松比。

（2）边界条件

①静力边界条件：

$$\begin{cases} l\sigma_x + m\tau_{yx} = f_x \\ m\sigma_y + l\tau_{xy} = f_y \end{cases} \tag{2.5}$$

②位移边界条件：

$$\begin{cases} u = \bar{u} \\ v = \bar{v} \end{cases} \tag{2.6}$$

式中，l 为斜面的法线方向与 x 轴夹角的余弦；m 为斜面的法线方向与 y 轴夹角的余弦；$\bar{u}$ 表示边界 x 方向上的初始位移分量，mm；$\bar{v}$ 表示边界 y 方向上的初始位移分量，mm。

3. 数值试验背景

根据建立的页岩数值模型，对页岩进行数值试验，以此来探究页岩受力后其内部矿物的应力分布情况。模型加载模式如图 2.4（b）所示，模型底部水平边界为固定约束（位移边界条件），左右两侧给予大小相等方向相反的约束围压（静力边界条件），顶面采取位移控制加载（位移边界条件）。为了使细观试验结果与宏观实验结果具有一致性，使模拟效果真实可信，设置加载初始值为 2×10^{-6} mm，增量为 4×10^{-6} mm，直至轴向位移边界逐渐增加至 4×10^{-4} mm（位移距离与初始值增量均根据实测页岩加载结束后的抗压强度换算而来）。细观单元视为线弹性材料，即本构关系选用线弹性模型。整个数值试验用 COMSOL 软件进行求解模拟，细观参数值如表 2.1 所示。

表 2.1 页岩矿物细观介质的材料参数

矿物	杨氏模量/GPa	泊松比	密度/（g/cm^3）
碎屑矿物	96.2	0.069	2.65
碳酸盐矿物	80.5	0.28	2.5
黏土矿物	43.8	0.3	1.4

资料来源：Mavko et al.，1988；Katahara，1996；Vanorio et al.，2003；于庆磊，2008。

2.1.4 试验结果与分析

2.1.4.1 细观组构对页岩力学性质的影响

为了探究细观组构对受力后页岩应力分布的影响，设置 6 种矿物分布方案（图 2.6），即随机分布［图 2.6（a）］、横条带状分布［图 2.6（b）］、竖条带状分布［图 2.6（c）］、斜条带状分布［图 2.6（d）］、块状分布［图 2.6（e）］和包裹状［图 2.6（f）］分布。根据李庆辉等（2012）的研究结果，当围压超过50MPa 时同种页岩的力学特征将变得十分类似，因此设定围压为 50MPa。

加载结束后 6 种矿物分布形式对应的应力分布情况如图 2.7 所示，由蓝到红表示应力逐渐升高。从定性上总体而言，当受压应力后，碎屑矿物和碳酸盐矿物均呈现出较高的应力状态，而黏土矿物则呈现出较低的应力状态，不同矿物组构

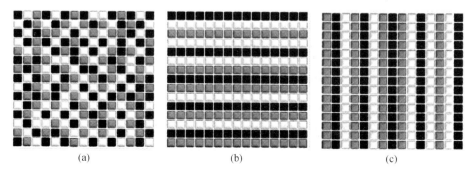

(a)   (b)   (c)

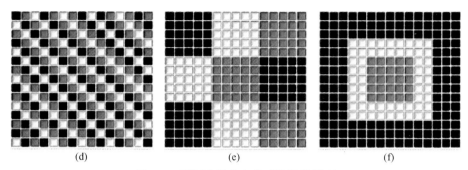

图 2.6　不同矿物分布类型的数值模型

呈现出不同的应力分布状态。当矿物呈随机分布时，碎屑矿物、碳酸盐矿物和黏土矿物的应力分布值依次降低，且呈现出随机分布 [图 2.7（a）]；当矿物呈横条带状分布时，不同矿物条带垂直于加载应力方向，类似于矿物在沉积过程中的压实作用，因此不同矿物间的应力分布差异较小，整体呈现出较为均匀的应力分布状态 [图 2.7（b）]；当矿物呈竖条带状分布时，不同矿物条带垂直于加载应力方向，此时碎屑矿物、碳酸盐矿物和黏土矿物分别呈现出高、中、低的条带状应力分布形式，且在不同矿物界面间应力变化显著 [图 2.7（c）]；当矿物呈斜条带状分布时，其应力分布与随机分布相类似，但沿对角线方向具有高低间隔的应力分布模式 [图 2.7（d）]；当矿物呈块状分布时，受黏土矿物上下包裹的硅

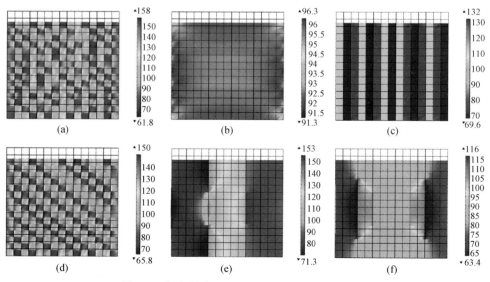

图 2.7　加载结束后的数值模型的应力分布情况

质矿物呈现出与黏土矿物类似的低应力分布状态，而被碳酸盐包裹的黏土矿物呈现较低的应力状态，不同矿物纵向接触面出现明显应力突变［图 2.7（e）］；当矿物呈包裹状分布时，与块状分布相类似，碎屑矿物与黏土矿物、碳酸盐矿物纵向界面间发生显著应力突变［图 2.7（f）］。

从定量的角度而言，矿物呈随机分布时其最大最小应力值极差最大，呈横条带状分布时极差最小，呈纵条带分布时平均应力最大，呈斜条状分布时与随机分布较类似，呈块状分布时最小应力最大，呈包裹状分布时平均应力最小（图 2.8）。

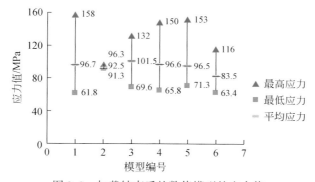

图 2.8　加载结束后的数值模型的应力值

从定性和定量两个角度可知，矿物组构对于页岩应力分布影响较为显著，最大最小应力极差越大，平均应力值越高，说明岩体受到应力的非均质性越强，受力后越容易发生破裂。

2.1.4.2　矿物含量对应力分布的影响

为了探究矿物含量对受力后页岩应力分布的影响，设置不同矿物含量进行数值试验。为了使结果具有一般性，采用随机矿物分布模型，具体条件参数如上文所述。根据统计结果，现阶段已开发的页岩气储层中一般碎屑矿物含量不超过50%，黏土矿物不超过60%，碳酸盐矿物含量不超过40%。因为页岩力学性质受碎屑矿物和黏土矿物影响最大，且碎屑矿物和黏土矿物代表了脆性和塑性两个极端，为了控制变量，每次数值试验以碳酸盐矿物含量为定值，三种矿物含量之和为 1，且为了便于对比，设置矿物含量以整数倍变化，具体变化趋势如图 2.9所示。

图 2.9 中（a）、（b）、（c）和（d）分别为碳酸盐矿物含量为 10%、20%、30% 和 40% 时页岩数值模型的最大、最小和平均应力值，总体而言，随黏土矿物含量的增加，平均应力值逐渐降低，说明随黏土矿物含量的增加，页岩所体现的塑性增强。对于最大应力而言，当黏土矿物含量超过 30% 明显呈下降趋势，而

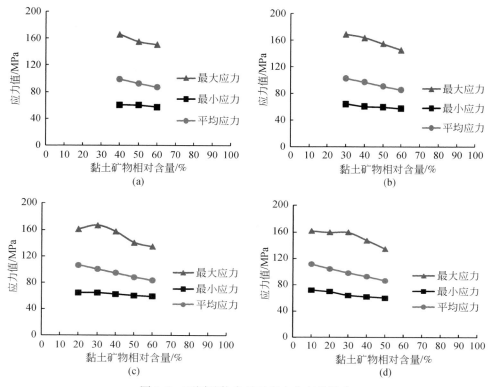

图 2.9　不同矿物含量对应力分布的影响

当黏土矿物含量超过 50% 时有逐渐趋于平缓的趋势。对于最小应力而言，其变化趋势不是十分明显，但在黏土矿物含量超过 30% 和 50% 时仍然体现出下降的趋势。因此考虑到黏土矿物对于吸附气量的贡献而言，则黏土矿物含量最好不要超过 50%。

2.1.4.3　围压对页岩力学性质的影响

对于同种矿物分布形式，当围压不同时，矿物的应力分布趋势基本一致，唯一不同的是矿物所受的应力值发生明显变化。矿物的应力分布值区间分别为 36.7 ~ 138MPa（0MPa），50.8 ~ 140MPa（30MPa），67.8 ~ 164MPa（60MPa），85.3 ~ 180MPa（90MPa）（图 2.10），随着围压的升高，矿物所受到的应力值也显著增大，页岩平均应力也进一步升高（图 2.11）。因此可以推断，围压越低，岩体中不同矿物应力差异就越大，越容易产生劈裂的破碎形态；围压越高，岩体中不同矿物应力差异就越小，侧向围压会限制微裂纹的扩展，从而更趋向于产生单剪切状的破坏形式。

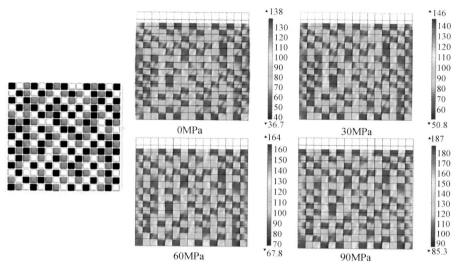

图 2.10　不同围压时数值模型的应力分布情况

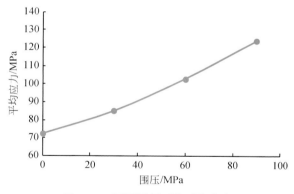

图 2.11　不同围压下的平均应力

2.1.4.4　各向异性的影响

通常岩石均被当作各向同性的线弹性介质，但对于页岩这种成层性强的岩石来讲，可能存在显著的各向异性。由于页岩取心困难，且岩样易破损，因此通过数值模型来研究不同加载方向对页岩强度的影响更具有可行性。

为了消除矿物过于集中的影响，将矿物的分布形式处理为随机分布，各类型矿物不呈大片的条状或块状分布。在确定了矿物的分布形式后［图 2.12（a）］分别将图像顺时针依次旋转 90°［图 2.12（b）］、180°［图 2.12（c）］和 270°［图 2.12（d）］，对其进行有围压的数值试验，即进行 4 次试验，模型参数按表

2.1 中所列参数选取，加载方式如图 2.4（b）所示，与上文一样，仍采取位移控制加载模式，围压 50MPa，模型为平面应力模型。

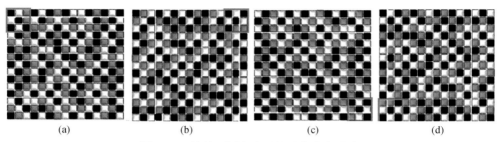

（a）　　　　　　（b）　　　　　　（c）　　　　　　（d）

图 2.12　旋转不同角度后的矿物分布形式

　　加载结束后的应力分布如图所示，加载方向不同，矿物受力形式也不同，产生的应力分布和应力集中都产生较大的差异，从而表现出抗压强度的各向异性。但对于同一岩样来讲，在考虑岩石组成的非均质性后其各向异性主要表现在垂直和水平两个方向。图 2.13（a）和（c）属于垂直加载（上下两个面），最大应力157MPa，最小应力 61.4MPa；图 2.13（b）和（d）则属于水平加载（左右两个面），最大应力 162MPa，最小 64.1MPa。由于此次试验采取的是矿物随机分布形

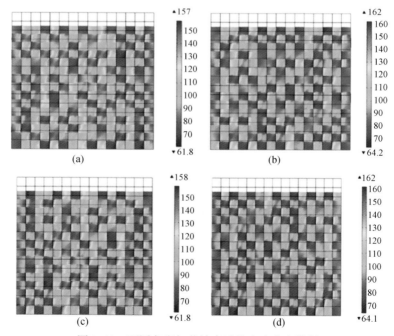

（a）　　　　　　　　　　　　　　（b）

（c）　　　　　　　　　　　　　　（d）

图 2.13　不同角度加载结束后的应力分布情况

式，可以推断，如果矿物呈一定形式排列时（如块状、条状时）则会产生更加强烈的各向异性。页岩由于成层性强，条带分布明显，其各向异性显著，因此在做岩石力学实验测定其性质时应充分考虑加载方向和最大、最小主应力的关系，比如垂直于层理方向和平行于层理方向，从而获得较为准确的结果。

2.1.5　页岩脆性破坏分析

Hajiabdolmajid 和 Kaiser（2003）曾提出过一种黏聚力弱化-摩擦力强化的 CWFS 模型（图 2.14），认为岩石破裂是由于微裂纹起裂、扩展、连通累积到一定程度时产生宏观破裂。在达到峰值破坏强度前，黏聚力起主要作用，裂纹失稳扩展形成宏观破裂面后由黏聚力和摩擦力共同起作用，随着岩石的进一步破坏，黏聚力降低、摩擦力增高，最终趋于稳定。该模型与传统室内岩心试验所测得的应力-应变曲线可相互验证。如图 2.14 所示，在室内三轴压缩试验过程中，岩心塑性剪切应变过程分为三个阶段：①达到极限抗压强度前的变化，此阶段主要反映了岩石脆性破坏的难易程度，随着应力的加载，黏聚强度逐渐降低，摩擦强度逐渐增大，主要是黏聚强度控制；②黏聚强度显著降低和摩擦强度的显著增高阶段，反映出岩石脆性破坏的强弱程度，此时由摩擦强度控制；③岩石完全破碎，黏聚强度和摩擦强度趋于稳定。

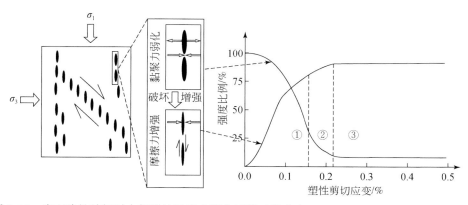

图 2.14　岩石脆性破坏时内部裂纹及应力演化过程（修改自 Hajiabdolmajid and Kaiser，2003）

结合数值试验结果分析可知，页岩储层的脆性破坏主要是由于页岩中发育大量具有不同力学性质的矿物颗粒，即脆性矿物和塑性矿物，它们含量的多少和排列方式显著影响着页岩整体的宏观力学性质。页岩的脆性破坏实质上是因为在受力后，不同矿物自身的力学差异导致岩石整体力学性质的非均质性和各向异性。当破坏发生时，矿物自身内部和不同矿物接触面上都会发生极端的应力变化，从而在高应力集中区发生破裂，微小的裂纹不断地起裂、扩展、连通累积到一定程度时产生宏观破裂。因此矿物组分含量、分布方式和细观力学性质对页岩的脆性破坏具有显著影响。

2.2　页岩岩石力学参数对高能气体压裂效果的影响

由页岩脆性破坏机理可知矿物组分含量和细观力学性质是影响页岩脆性破坏的主要因素，但脆性只能定性评价储层是否适合改造，因此需要结合压裂模型对具有不同力学性质的页岩储层进行高能气体压裂模拟，通过定量分析压裂效果才能形成科学的可压性评价方法。通过建立高能气体压裂裂缝扩展机理模型，模拟储层条件下页岩高能气体压裂裂缝扩展，并分析岩石力学性质对压裂效果的影响，探究不同矿物组分含量下压裂改造效果，从而确定适合高能气体压裂的最优矿物含量分布范围。

2.2.1　水平井高能气体压裂模拟

2.2.1.1　机理模型简述

水平井高能气体压裂技术一般通过射孔形成预裂缝，然后将液体火药注入井筒和预裂缝中，点燃后产生大量高温高压气体，气体对预裂缝产生作用，使其进一步扩展和延伸，当气体能量衰竭到一定程度后裂缝停止扩展，整个过程维持在 $0.01 \sim 10s$ 不等，具体时长由火药配方和地层条件所决定。整个过程属于动态压裂，即裂缝在起裂和延伸过程中的驱动压力变化幅度大，压力以脉冲形式显现，有别于水力压裂过程中驱动压力小，变化幅度也小的准静态压裂过程。虽然高能气体压裂会沿径向产生 $3 \sim 8$ 条不等的裂缝，但主裂缝条数由射孔数量决定，为了简化研究过程，在研究分析高能气体压裂过程中所产生的裂缝时只考虑单一射孔裂缝起裂与扩展的情况，其他裂缝认为与单一射孔主裂缝相类似，故设计高能气体压裂裂缝扩展机理模型如图 2.15 所示，水平井筒方向平行于最小主应力方向，单一射孔段对应的储层改造区域长为 30m，宽为 60m。

根据物理模型，定义水平井高能气体压裂裂缝扩展几何模型如图 2.16 所示。σ_H 为最大主应力，σ_h 为最小主应力，L 为储层长度，W 为储层宽度，P_t 为裂缝内气体压力分布。

2.2.1.2　网格剖分及参数选取

根据图 2.16 所示的几何模型在 ABAQUS 平台上建立对应的有限元模型（图 2.17），考虑到计算机运算能力和模拟效果，采用 CPE4R（4 节点平面应变减缩积分单元）对模型进行网格剖分，共划分 7200 个单元与 7381 个节点（图 2.17）。

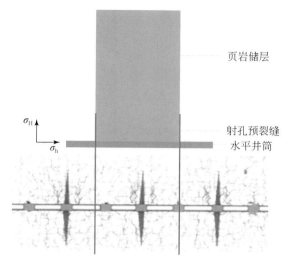

图 2.15 页岩气储层水平井高能气体压裂裂缝扩展物理模型

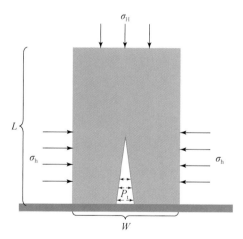

图 2.16 页岩气储层水平井高能气体压裂裂缝扩展几何模型

模型的基础参数值如表 2.2 所示，表中数据源于川东南涪陵地区龙马溪组海相页岩气储层的测试数据（周德华等，2014）。

表 2.2 计算参数值

参数	数值
页岩储层最大水平主应力（σ_H）/MPa	63.5
页岩储层最大水平主应力（σ_h）/MPa	47.39

续表

参数	数值
页岩储层最大水平主应力（σ_t）/MPa	5.6
页岩临界能量释放率（G_e）/（N/mm）	2.284
页岩密度（ρ）/（g/cm³）	2.6
页岩杨氏模量（E）/GPa	10～80
泊松比（ν）	0.05～0.4

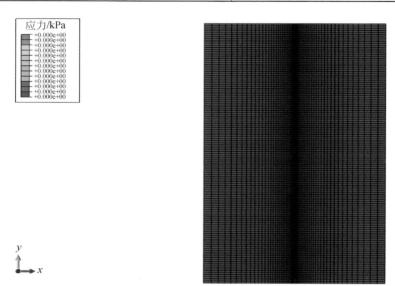

图 2.17　网格剖分后的水平井高能气体压裂裂缝扩展机理模型图

在计算过程中压力的变化是另外一个较为重要的参数，但高能气体与水力压裂致使岩石破裂的过程有本质的区别。在高能气体压裂过程中，高压气体涉及气体的压缩性，这样就使问题变得复杂。为了简化问题，又要兼顾高能气体压裂过程中的压力变化过程，采取如下办法，即通过实验确定火药燃烧过程中产生高压气体的压力变化过程，获得 P–t 曲线，使裂缝面所受的压力变化符合 P–t 曲线的规律，从而实现高压气体对岩石的致裂过程模拟。产生的高能气体压力变化曲线如图 2.18 所示。

高能气体压裂的 P–t 曲线受液体火药和储层条件影响巨大，不同火药配方和储层条件都会导致燃烧时间和压力产生较大差距，但在压裂过程中，曲线的总体形态一般具有相似性。按照曲线形态，一般可将高能气体的压裂过程分为以下 5 个阶段：

Ⅰ. 气体升温阶段：此时液体火药刚开始燃烧，由雾化向气化过渡，产生气

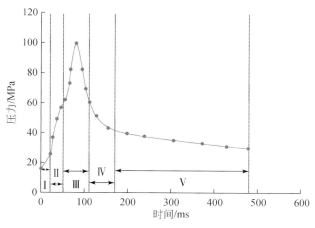

图 2.18 高能气体压裂过程压力变化

体较少，射孔段的孔眼内部压力逐渐有所增加，但岩体处于准静止状态，不受气体压力影响。

Ⅱ. 裂缝起裂阶段：随着火药进一步燃烧，射孔孔眼内的压力开始快速上升，由于动载荷的作用，射孔周围开始出现微裂纹，以射孔口末端为主导的主裂缝开始起裂。

Ⅲ. 裂缝不稳定扩展阶段：此阶段火药燃烧达到峰值，压力也先达到峰值再下降，地层在高压气体冲击和膨胀双重作用下，裂缝开始高速扩展，此阶段的裂缝扩展不稳定，在很大程度上决定了裂缝的最终形态。

Ⅳ. 裂缝稳态扩展阶段：此时压力以较为平缓的形式继续下降，在这个阶段，裂缝会以较为缓慢的速度稳定继续向前扩展，但对总缝长和缝宽贡献不大。

Ⅴ. 气体压力衰竭阶段：此时气体仍具有一定的压力，由于能量的衰竭，此时已无法再使裂缝进一步扩展和延伸。

2.2.1.3 数值结果分析

根据高能气体压力变化过程，认为岩石满足线弹性脆性材料，模拟高能气体压裂裂缝起裂与扩展过程，结果如图 2.19 所示，不同地层参数对裂缝的整体形态没有显著影响，只是不同岩石力学性质下，高能气体压裂裂缝缝长和缝宽会有变化。根据前人的研究结果，当应力差系数小于 0.3 时，页岩储层较为容易形成人工网络裂缝，这一理论对于高能气体压裂而言也较为适用，而此次模拟过程应力差系数为 0.34。

在储层条件下，压裂过程中岩石变形方式大致可分为两种：一种是脆性破坏，即发生较小的形变便产生破坏，且这种破坏一般都是迅速集聚的破坏；另一

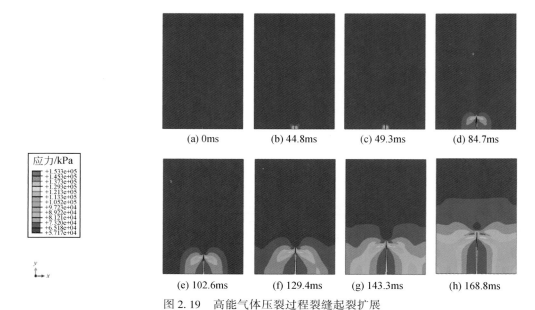

(a) 0ms　　　　(b) 44.8ms　　　　(c) 49.3ms　　　　(d) 84.7ms

(e) 102.6ms　　　(f) 129.4ms　　　(g) 143.3ms　　　(h) 168.8ms

图 2.19　高能气体压裂过程裂缝起裂扩展

种则是塑性破坏，即产生了较大的形变，发展为永久性变形后产生的破坏，这种破坏一般是逐步累积的，发展过程较为缓慢。对于页岩储层来讲，第一种破坏形式更容易实现"体积改造"，且高能气体压裂本身就是脉冲加载方式，能量变化大，决定了其更适合于脆性岩体改造。

2.2.2　岩石力学参数对压裂效果的影响及分析

杨氏模量和泊松比可作为表征页岩储层脆性力学属性的基础参数，不同的杨氏模量和泊松比对页岩储层的改造效果影响显著。很多专家学者认为当杨氏模量大于20GPa，泊松比小于0.25时储层适合改造，但对于不同杨氏模量和泊松比条件下岩石压裂效果却没有研究。因此针对这一问题进行探讨，研究不同杨氏模量和泊松比对页岩储层高能气体压裂裂缝的形态影响。

结合前人研究结果，认为适合改造的储层应该满足杨氏模量大于20GPa，泊松比小于0.25。因此，按照控制单一变量的原则进行多组裂缝扩展试验。即在泊松比为0.25的条件下，分别模拟杨氏模量从10GPa到80GPa时的压裂后缝长和缝宽的变化；在杨氏模量为20GPa的条件下，分别模拟泊松比从0.05到0.4时的压裂后缝长和缝宽的变化。

2.2.2.1　页岩杨氏模量对储层改造的影响

如图2.20所示，杨氏模量对页岩储层的改造影响显著。杨氏模量越高，起裂时间越早，且起裂后裂缝扩展的速度也更快，从而导致最终形成的裂缝长度也越长；而裂缝宽度却呈现出相反的趋势，虽然具有较高杨氏模量的页岩起裂时间早，但缝宽的增加速率却相对缓慢，且在达到峰值后闭合速率也相对较快，进而最终形成的裂缝宽度也相对较窄。

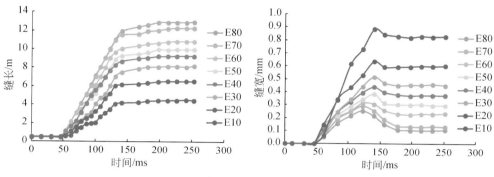

图 2.20　不同页岩杨氏模量下裂缝长度和宽度随时间的变化

因此，在高能气体压裂过程中，具有较高杨氏模量的页岩储层容易形成相对长而窄的裂缝，而具有较低杨氏模量的页岩储层容易形成相对短而宽的裂缝。高能气体压裂结束后，缝长一般不会发生变化，但由于没有支撑剂的作用，在压裂过程中，裂缝宽度会逐渐下降，但不会闭合。

2.2.2.2　页岩泊松比对储层改造的影响

如图 2.21 所示，泊松比对页岩储层的改造影响不如杨氏模量显著。对于裂缝长度来说，当泊松比为 0.1 ~ 0.35 时，对裂缝长度的影响几乎可以忽略，但当泊松比为 0.05 时更容易形成长裂缝，当泊松比为 0.4 时裂缝扩展长度最短。对于裂缝宽度来讲，随着泊松比的增加，裂缝宽度变窄，但当达到峰值宽度时，裂

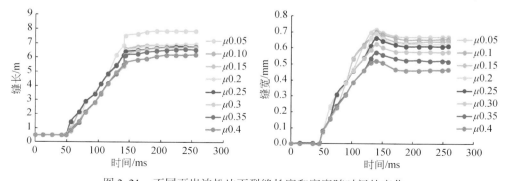

图 2.21　不同页岩泊松比下裂缝长度和宽度随时间的变化

缝的下降速度却趋于平缓，当泊松比小于 0.25 时，最终形成的裂缝宽度较为接近。

因此，在高能气体压裂过程中，泊松比对储层改造的影响效果较小，从整体上讲，低泊松比容易形成长而宽的缝，高泊松比容易形成短而窄的缝。

2.2.2.3 最适合储层改造的岩石力学参数分析

传统分析认为，适合改造的页岩储层应具有较高的杨氏模量和较低的泊松比，因为高杨氏模量使产生的裂缝不易闭合，低泊松比适合起裂，但这一结论的前提是针对水力压裂而言的。水力压裂是一个准静态压裂过程，压力上升缓慢，在压裂过程中，地层受到"水压"的作用渐渐地被"撕开"，因此可以认为岩石是逐渐发生永久性形变的。但对于高能气体压裂而言，整个压裂过程是一个脉冲加载的动态过程，压力变化显著，且对储层的作用时间较短，更倾向于使岩体在发生较小的形变下就发生破裂。两种不同的致裂机理决定了适合改造的岩石力学参数取值范围的不同，在水力压裂看来不适合改造的储层，对于高能气体压裂而言可能影响并不大。

结合不同杨氏模量和泊松比对裂缝长度和宽度的影响，可以确定适合高能气体压裂改造的趋势值。对于杨氏模量而言，当杨氏模量大于 40GPa 时，裂缝的长度增加趋势逐渐变缓，当杨氏模量大于 60GPa 时，裂缝的宽度下降趋势显著变快，因此当杨氏模量分布范围为 40~60GPa 时，对页岩储层实施高能气体压裂改造将获得较为理想的效果；对于泊松比而言，当泊松比小于 0.1 时，裂缝长度显著增加，但现阶段成功开发的页岩储层鲜有泊松比小于 0.1 的，当泊松比小于 0.25 时，裂缝的宽度增加速率基本趋于一致，因此当泊松比分布范围为 0.1~0.25 时，高能气体压裂改造会取得较为理想的效果。

将所获得的结果与北美地区成功开发的页岩储层力学性质做一对比。Rickman（2008）将北美地区成功开发的页岩气区块的页岩杨氏模量和泊松比进行了投点分析（图 2.22）。如图所示，北美页岩杨氏模量集中分布于 20~65GPa 之间，泊松比为 0.18~0.34（图 2.22 紫色框图）。按照 Rickman（2008）的脆性指数理论，当脆性指数大于 50% 时容易形成复杂缝网，储层改造效果较好，即页岩的杨氏模量应该大于 45GPa，泊松比应该小于 0.26（图 2.22 蓝色框图）。而最优储层的杨氏模量集中分布于 45~60GPa 之间，泊松比为 0.18~0.24（图 2.22 黄色框图）。与高能气体的最优改造范围杨氏模量 40~60GPa，泊松比 0.1~0.25 相比，水力压裂杨氏模量的下限值和泊松比的上限值都相对更高。这是因为在压裂过程中，高能气体压裂所产生的高压气体能量大，对页岩的冲击作用更强，且形成的裂缝自行支撑，因此对于脆性稍弱的地层仍有较好的改造效果。水力压裂升压过程缓慢，就要求岩石具有较高的脆性，且因为产生的裂缝需要支撑剂支撑，塑性地层容易发生蠕变，导致支撑剂嵌入地层，从而影响裂缝形态。

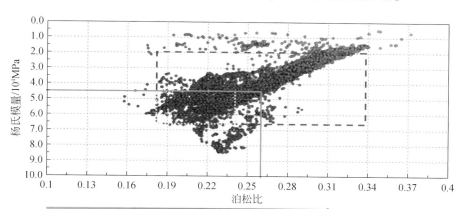

图 2.22　北美地区页岩岩石力学参数交会图（根据 Rickman et al., 2008 修改）

2.3　页岩储层高能气体压裂可压性评价方法的建立及应用

　　"体积压裂"的本质在于针对具有一定含气量的页岩储层进行改造，通过形成复杂的裂缝网络，从而增大裂缝面与基质的接触面积，提高页岩气产量。因此，页岩储层的可压性评价应充分考虑两个问题：一是储层压裂改造后是否会有足够的出气量，二是储层本身是否容易进行改造。但作为一个评价方法，除了具有理论基础外，还需充分考虑方法便于现场推广和应用。为此，在充分考虑上述问题的基础上，通过优选确定可压性评价参数，建立新的可压性评价模型，结合前文的研究成果探讨岩石力学参数和矿物含量分布的关系，确定评价模型下限值，并结合现场数据进行验证，形成页岩储层高能气体压裂可压性评价方法。

2.3.1　可压性评价参数优选

　　页岩储层的含气性可以归结为"地质甜点"，而是否容易改造则是"工程甜点"。通过分别建立"地质甜点"和"工程甜点"可压性评价模型，再结合二者建立综合可压性评价模型，从而实现对高能气体压裂的可压性评价。

2.3.1.1　地质甜点可压性评价参数优选

　　有关地质甜点的可压性评价参数有很多，且参数之间并不是独立存在的，而是相互影响，共同决定了页岩气储层的改造特征。地质甜点的可压性评价参数首先需要反映页岩储层本身含气潜力和较好的物性，其次是与储层脆性有相关关

系，因此综合考虑，选用总有机碳含量和镜质组反射率两个参数来表征地质
甜点。

1. 总有机碳含量

总有机碳（TOC）含量是筛选优质储层的关键参数之一。对页岩的含气性、
裂缝的发育和分布，以及脆性均有显著影响。T_{TOC} 代表总有机碳含量，参考斯伦
贝谢的评价标准，结合实际情况，TOC 含量与干酪根质量、气体含量和可压性的
关系如表 2.3 所示。

表 2.3 TOC 含量与干酪根质量、气体含量和可压性的关系

T_{TOC}/%	干酪根质量	气体含量	可压性
<0.5	很差	很低	很差
0.5～1.0	差	低	差
1.0～2.0	一般	一般	一般
2.0～4.0	好	高	好
4.0～12.0	很好	很高	很好
>12.0	极好	极高	极好

2. 镜质组反射率

镜质组反射率（R_o）是衡量页岩储层成熟度的指标，从而反映了储层含气
能力的特征，结合 Merriman（2005）、Wang 和 Gale（2009）对成岩作用的划分，
R_o 与成岩阶段、储层特征、气体流量和可压性的关系如表 2.4 所示。

表 2.4 R_o 与成岩阶段、储层特征、气体流量和可压性的关系

R_o/%	成岩阶段	储层主要特征	气体流量/（m³/d）	可压性
<0.5	早成岩阶段	黏土矿物未转化，未成熟或低成熟度	<12.74×10³	差
0.5～1.3	中成岩阶段 A 期	黏土矿物绿泥石化，孔隙度下降	（12.74～21.24）×10³	一般
1.3～2.0	中成岩阶段 B 期	生烃量增加，出现少量溶孔	（21.24～25.49）×10³	较好
2.0～3.0	晚成岩阶段 A 期	矿物趋于稳定，脆性增加	（25.49～28.32）×10³	好
3.0～4.0	晚成岩阶段 B 期	矿物基本稳定，脆性高	>28.32×10³	很好
>4.0	变质阶段	矿物稳定，过成熟，裂缝发育	由变质程度决定	极好

2.3.1.2 工程甜点可压性评价参数优选

工程甜点主要在于衡量页岩储层的脆性程度，常用的评价参数包括页岩脆性
矿物指数、杨氏模量和泊松比、断裂韧度等参数，在选取工程甜点的可压性参数
时应充分考虑其对储层力学性质的影响，因此应将这些因素综合考虑，从脆性破

坏难易程度和破坏强弱程度两个方面来判断。

1. 页岩脆性破坏难易程度的表征

压裂过程需要尽可能达到人工裂缝更多地与天然裂缝沟通形成复杂缝网的效果。因此采用剪切模量作为表征页岩脆性破坏难易程度的参数，更加符合实际破坏过程，剪切模量是衡量岩石刚性强弱的指标，且剪切模量包含了杨氏模量和泊松比的双重效应，即：

$$G = \frac{E}{2(1 + \nu)} \tag{2.7}$$

式中，G 为剪切模量，GPa；E 为杨氏模量，GPa；ν 为泊松比。

杨氏模量越大，泊松比越小，剪切模量就越大，储层的脆性越强，裂缝越容易起裂，压裂后形成的人工裂缝和剪切滑移缝越不容易闭合；反之，杨氏模量越小，泊松比越大，剪切模量就越小，储层的塑性越强，裂缝不易起裂，且形成的人工裂缝和剪切滑移缝越容易闭合。

2. 页岩脆性破坏强弱程度的表征

裂缝向前有效延伸并与天然裂缝沟通的能力是评价页岩储层可压性的另一项重要指标。根据 Irwin（1957）断裂力学理论，在弹塑性条件下，当裂缝边缘应力强度因子达到某个临界值时，裂缝将失稳扩展导致岩体破裂，该临界值为断裂韧度，即：

$$K_1 = K_{IC} \tag{2.8}$$

式中，K_1 为应力强度因子，MPa·m$^{1/2}$；K_{IC} 为断裂韧度，MPa·m$^{1/2}$。

断裂韧度越小，人工裂缝越容易向前延伸，越容易与天然裂缝沟通，形成复杂的缝网。

2.3.2　可压性评价模型的建立

2.3.2.1　地质甜点可压性评价模型

由于地质甜点是一个宏观上的综合指标，运用经验赋值标准化和权重分配法得到其可压性评价指数：

$$F_1 = (S_1,\ S_2)(w_1,\ w_2)^{\mathrm{T}} \tag{2.9}$$

式中，F_1 为地质甜点可压性指数；S_1 为标准化的 TOC 含量；S_2 为标准化的 R_o；w_1 为 TOC 所占的权重系数，%；w_2 为 R_o 所占的权重系数，%。

由于 S_1 和 S_2 对于可压性都是正向指标，根据表 2.3 和表 2.4 的分类评价标准，其标准化处理如下：

$$S_1 = \begin{cases} 1, & T_{TOC} > 12 \\ \dfrac{T_{TOC} - 0.5}{12 - 0.5}, & 0.5 < T_{TOC} < 12 \\ 0, & T_{TOC} < 0.5 \end{cases} \tag{2.10}$$

$$S_2 = \begin{cases} 1, & R_o > 4 \\ \dfrac{R_o - 0.5}{4 - 0.5}, & 0.5 < R_o < 4 \\ 0, & R_o < 0.5 \end{cases} \tag{2.11}$$

因为 T_{TOC} 和 R_o 本身也是相互影响的指标，有关 TOC 的下限工业界一般认为需要达到 2%，但事实上对于成熟度高的页岩气储层，TOC 的下限可以更低，因此认为二者的权重均为 50%，因此式（2.9）可变为

$$F_1 = \frac{S_1 + S_2}{2} \tag{2.12}$$

2.3.2.2　工程甜点可压性评价模型

在矿场测试中，剪切模量和断裂韧度同样不好获取，根据前文论述的研究成果，岩石的宏观力学性质可以通过矿物组分含量和细观力学参数来表征，按照这一思路，可以获得页岩剪切模量和断裂韧性的计算公式：

$$\begin{cases} G = \gamma_1 n_1 G_1 + \gamma_2 n_2 G_2 + \gamma_3 n_3 G_3 \\ K_{IC} = \delta_1 n_1 K_{IC_1} + \delta_2 n_2 K_{IC_2} + \delta_3 n_3 K_{IC_3} \\ n_1 + n_2 + n_3 = 100\% \end{cases} \tag{2.13}$$

式中，γ_1、γ_2、γ_3 为与剪切模量相关的多元回归常数；G_1、G_2、G_3 为碎屑矿物、碳酸盐矿物和黏土矿物的剪切模量；δ_1、δ_2、δ_3 为与断裂韧度相关的多元回归常数；K_{IC_1}、K_{IC_2}、K_{IC_3} 为碎屑矿物、碳酸盐和黏土矿物的体积相对含量；n_1、n_2、n_3 为碎屑矿物、碳酸盐矿物和黏土矿物的体积相对含量。

忽略多元回归常数，取 γ_1、γ_2、γ_3 和 δ_1、δ_2、δ_3 分别为 1 来表征两组参数的趋势值，并将矿物细胞元力学参数的剪切模量和断裂韧度（表 2.5）代入。

表 2.5　页岩矿物剪切模量和断裂韧度参数值

矿物分类	G/GPa	K_{IC}/(MPa·m$^{1/2}$)
碎屑矿物	45	0.24
碳酸盐矿物	38.5	0.79
黏土矿物	17.65	2.19

资料来源：Mavko et al.，1988；Katahara，1996；Vanorio et al.，2003；于庆磊，2008；汪鹏和钟广法，2012；廖东良等，2014。

则有

$$\begin{cases} G = 45n_1 + 38.5n_2 + 17.65n_3 \\ K_{IC} = 0.24n_1 + 0.29n_2 + 2.19n_3 \\ n_1 + n_2 + n_3 = 100\% \end{cases} \tag{2.14}$$

为了保证所获得的趋势值可以识别出页岩储层的工程甜点，结合某页岩气井龙马溪组页岩储层段的测井数据进行了计算，如图 2.23 所示，计算出的剪切模量和断裂韧度趋势值与实测出的杨氏模量和泊松比曲线具有较为相似的变化趋势，从而证明了这样计算的可行性。

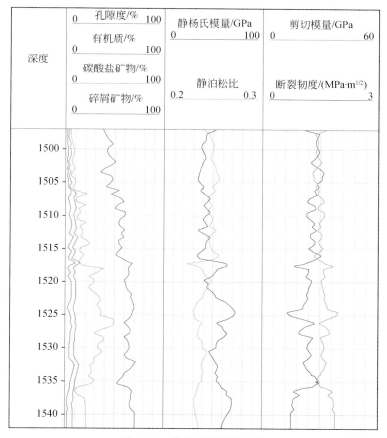

图 2.23　曲线计算形态对比

因此，基于归一化准则与调和平均方法，定义工程甜点可压性评价模型为

$$F_2 = \cfrac{2}{\cfrac{1}{G_n} + \cfrac{1}{K_{IC_n}}} \tag{2.15}$$

式中，$G_n = \dfrac{G_t - G_{min}}{G_{max} - G_{min}} = \dfrac{G_t - 17.65}{27.35}$；$K_{IC_n} = \dfrac{K_{IC_{max}} - K_{IC_t}}{K_{IC_{max}} - K_{IC_{min}}} = \dfrac{2.19 - K_{IC_t}}{1.95}$。

2.3.2.3　综合可压性评价模型

页岩储层可压性模型应该是个反映页岩本身的脆性（可压裂性）和压裂后气体产量（出气性）的综合指标。因此综合地质甜点和工程甜点双重指标，定义可压性指数：

$$F = \frac{F_1 + F_2}{2} \tag{2.16}$$

2.3.2.4　模型下限值的确定

在确定可压性指数评价下限的时候也应充分考虑地质甜点下限和工程甜点下限双重因素。对于地质甜点指标，其下限值并没有明确界定。一般工业开采标准认为 TOC>2%，R_o>1.0%，但这主要是基于页岩气成藏和生气量的单纯考虑，并未考虑到储层改造因素，事实上，地质甜点指标也并非和储层改造指标毫无关系，Jarvie 等（2007）提出了气体流量随 TOC 含量、R_o 和矿物脆性指数增加而增加的相关关系图（图 2.24），工程甜点指标早有用矿物脆性指数作为评价标准的先例。岩石是矿物的综合体，矿物的组成和含量很大程度上可以反映岩石的各类指标。对于页岩来讲，其黏土矿物含量对于页岩沉积、成岩和成气均有显著影响，碳酸盐矿物则很大程度上决定了溶蚀孔隙裂缝的发育，而碎屑矿物则影响储层的脆性，因此可以通过分析不同矿物的含量的值来确定其可压性下限值，从而将地质甜点指标和工程甜点指标有效结合在一起。

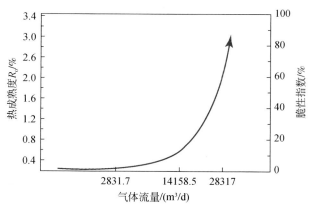

图 2.24　页岩气 TOC 含量、R_o、气体流量和矿物脆性指数关系（据 Jarvie et al.，2007 修改）

1. 理论定量分析

根据图 2.25 的对比可知，计算出的剪切模量和断裂韧度趋势值与储层的杨氏模量和泊松比的数值具有一定的趋势性，而剪切模量和断裂韧度趋势值又是矿物组分的函数，因此通过分别将剪切模量趋势值和杨氏模量，断裂韧度趋势值和泊松比进行线性拟合获得相互关系，再结合上文所判断出的适合改造的页岩储层的杨氏模量和泊松比的分布范围便能定量分析适合改造的页岩储层矿物组成分布范围。

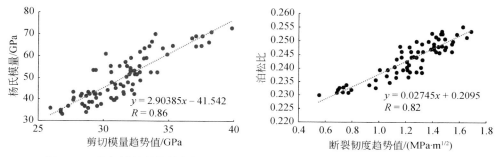

图 2.25　剪切模量趋势值与杨氏模量、断裂韧度趋势值与泊松比相互关系曲线

根据回归曲线拟合出的方程计算理论力学参数值如表 2.6 所示，结合前文的计算模拟结果，如果仅考虑页岩储层的岩石力学性质，理论上只要页岩储层中黏土矿物含量不超过 50%，储层均适合进行高能气体压裂改造。

表 2.6　理论计算出的参数值

$n_1/\%$	$n_2/\%$	$n_3/\%$	G/GPa	$K_{\mathrm{IC}}/(\mathrm{MPa \cdot m^{1/2}})$	E/GPa	μ
10	10	80	22.47	1.855	23.708	0.26
10	20	70	24.555	1.715	29.762	0.257
10	30	60	26.64	1.575	35.817	0.253
10	40	50	28.725	1.435	41.871	0.249
10	50	40	30.81	1.295	47.926	0.245
10	60	30	32.895	1.155	53.98	0.241
10	70	20	34.98	1.015	60.035	0.237
10	80	10	37.065	0.875	66.089	0.234
20	10	70	25.205	1.66	31.65	0.255
20	20	60	27.29	1.52	37.704	0.251
20	30	50	29.375	1.38	43.759	0.247
20	40	40	31.46	1.24	49.813	0.244

$n_1/\%$	$n_2/\%$	$n_3/\%$	G/GPa	$K_{\text{IC}}/(\text{MPa} \cdot \text{m}^{1/2})$	E/GPa	μ
20	50	30	33.545	1.1	55.868	0.24
20	60	20	35.63	0.96	61.922	0.236
20	70	10	37.715	0.82	67.977	0.232
30	10	60	27.94	1.465	39.592	0.25
30	20	50	30.025	1.325	45.646	0.246
30	30	40	32.11	1.185	51.701	0.242
30	40	30	34.195	1.045	57.755	0.238
30	50	20	36.28	0.905	63.81	0.234
30	60	10	38.365	0.765	69.864	0.23
40	10	50	30.675	1.27	47.534	0.244
40	20	40	32.76	1.13	53.588	0.241
40	30	30	34.845	0.99	59.643	0.237
40	40	20	36.93	0.85	65.697	0.233
40	50	10	39.015	0.71	71.752	0.229
50	10	40	33.41	1.075	55.476	0.239
50	20	30	35.495	0.935	61.53	0.235
50	30	20	37.58	0.795	67.585	0.231
50	40	10	39.665	0.655	73.639	0.227
60	10	30	36.145	0.88	63.418	0.234
60	20	20	38.23	0.74	69.472	0.23
60	30	10	40.315	0.6	75.527	0.226
70	10	20	38.88	0.685	71.36	0.228
70	20	10	40.965	0.545	77.414	0.224
80	10	10	41.615	0.49	79.302	0.223

2. 综合分析

　　根据页岩矿物组分三端元分类，将北美主要页岩气产气盆地页岩矿物组分含量分布与中国典型产气盆地页岩矿物组分分布进行对比（图2.26），有利区的矿物组成分布具有相对一致性。即页岩储层的可压性储层矿物分布范围应该为碎屑矿物含量20%～60%，碳酸盐矿物10%～30%，黏土矿物含量30%～50%，在此区域内页岩储层可压性最强（图2.27）。

　　因为对于黏土矿物来讲，当储层含量大于50%时，为深水陆棚沉积；当含量小于30%时，为海陆过渡相沉积；当含量在30%～50%时，沉积环境多为浅

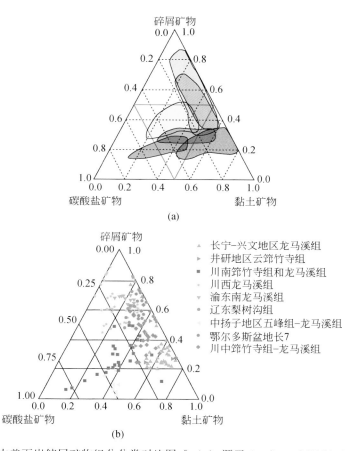

(a)

图例：
▲ 长宁-兴文地区龙马溪组
▶ 井研地区云篬竹寺组
■ 川南篬竹寺组和龙马溪组
· 川西龙马溪组
▽ 渝东南龙马溪组
· 辽东梨树沟组
· 中扬子地区五峰组-龙马溪组
· 鄂尔多斯盆地长7
◆ 川中篬竹寺组-龙马溪组

(b)

图 2.26　中美页岩储层矿物组分分类对比图［（a）源于 Aoudia and Miskimins，2010］

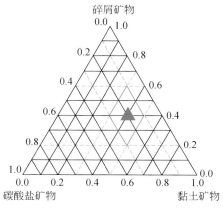

图 2.27　页岩储层高能气体压裂最优改造效果矿物分布范围

水陆棚沉积（王秀平等，2014）。深水陆棚环境虽然有效地增加了页岩储层吸附气量但却不利于压裂改造；海陆过渡相环境，储层脆性虽增强，适合压裂改造，但页岩储层的含气量却大大降低；而在浅水陆棚环境中，高岭石不发育，伊/蒙混层矿物含量较高，有利于页岩气发育，且适合进行储层改造。

对于碳酸盐矿物来讲，其含量在 10% ～30% 时最容易形成高孔裂隙段（王正普和张荫本，1986）。当其含量小于 10%，即使全被溶解，孔隙度也只有10%，若大于 30% 其溶孔会因缺少支撑物而闭合，从而导致孔隙率降低。

对于碎屑矿物来讲，主要决定储层的脆性程度，理论上其值越高越好。

综上，理论上下限值选取应为反向指标的最大值和正向指标最小值的综合，因此取黏土矿物的最大值 50%，硅质矿物的最小值 20%，剩下的即为碳酸盐矿物含量 30%，此时计算出的可压性指数的下限值定为 50%。

2.3.3　可压性评价方法应用

以四川盆地威远地区九老洞组某页岩气井 W 井 2610 ～2820m 为例，用提出的新方法综合分析储层，对储层进行可压性评价。

2.3.3.1　技术流程

（1）由常规测井曲线分析储层的有利层段，确定含气层段。

（2）由页岩气测井曲线处理获得的 TOC 曲线，由地质评价结果或岩心测试值获得 R_o，计算其平均值，根据式（2.10）和式（2.11）获得标准化值，再根据式（2.12）获得地质甜点可压性评价参数 F_1。

（3）由矿物含量曲线（元素俘获测井或荧光录井）分别计算三大类矿物的相对含量，根据式（2.14）计算出剪切模量和断裂韧度趋势值曲线，再由式（2.15）获得工程甜点可压性评价参数 F_2。

（4）将式（2.12）和式（2.15）获得的参数值代入式（2.16）计算综合可压性指数评价曲线 F。

（5）运用可压性评价曲线按照模型下限值对储层进行划分。

2.3.3.2　实测井可压性评价

根据上述技术流程，运用新方法对储层进行评价。

（1）按照技术流程和划分依据，将储层划分如下：1、3、5、7、9、11、13、15 和 17 层（图 2.28 第 14 道浅蓝色）为遮挡层；2、4、6、8、10、12、14、16和 18 层（图 2.28 第 15 道粉红色）为可压裂层段。

（2）第 1、11、15、17 层为明显隔层段，第 2、10、16 和 18 层为明显的可压裂层段；第 3～9 遮挡层与第 4～8 可压裂层段相互间隔，其中 4 层无实测含气显示，第 6 和 8 层虽然有含气显示，但厚度太薄，因此将这些层段统一归为隔层；第 13 层夹在 12 和 14 可压裂层段间，推断为薄夹层，因此与 12 和 14 层统一划分为可压裂层段。

（3）综合上述分析，优选出 5 段可压裂层段，如图 2.27 所示。由于第Ⅱ段储层较厚，约为 30m，上下均发育厚的隔层段，可压性指数较高，为 58.1%，因此建议优先开发第Ⅱ段；其次第Ⅲ段也是较为理想的改造层段，上下具有较厚的隔层，储层厚度约 11m，可压性指数 54.8%；Ⅵ和Ⅴ段储层也是优质的改造层段，但两段间的隔层太薄，改造任何一段储层都可能存在穿层的风险，是否可将二者进行合层改造有待进一步论证。Ⅰ段储层相对较薄，可作为后期改造的备选储层。

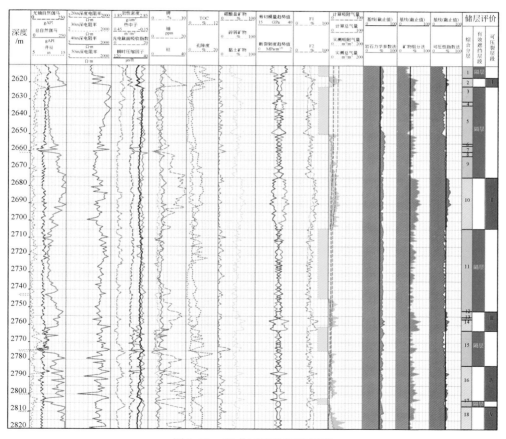

图 2.28　W 井可压性评价解释

2.3.3.3　应用效果

由于现阶段水平井高能气体压裂技术对页岩储层的改造仍处于室内实验阶

段,没有现场的数据作为佐证。为了验证新方法的有效性,只能结合页岩气产区水平井水力压裂效果对可压性评价方法进行验证。

经过多方面综合论证,该井选择对第Ⅱ层段进行加沙压裂改造,且选择在储层下部的 2690～2700m 处作为射孔段,射孔密度 16 孔/m,以 60° 相位角进行射孔。施工主要分两步进行,先进行压裂测试施工,接着是主压裂施工,两步工序均采用 φ139.7mm 套管注入方式施工。为了避免施工超压,压裂测试时共使用 10% 稀盐酸 10m³ 以降低储层破裂压力,压裂测试过程排量 1～10m³/min,泵压稳定在 45～55MPa,共注入 122m³ 滑溜水。随后在此基础上进行了主压裂施工,排量 9～10m³/min,泵压 45～55MPa,共注入 1602m³ 滑溜水,考虑到九老洞组岩性较脆,因此在段塞式注入 3.75m³ 100 目石英砂后,再注入 50.0m³ 40/70 目低密度陶粒作为支撑剂。整个施工过程中排量稳定,注液过程采用旋回加砂技术,使加砂量保持平稳。

压后监测结果显示,该井初期产气量不是十分稳定,在 3000～3500m³/d 左右。微地震监测结果显示,散点在平面上呈离散状,估算改造面积约为 $4.8 \times 10^4 m^2$,改造体积约为 $1.2 \times 10^6 m^3$,再结合压裂液和支撑剂的注入量,说明改造效果较好,产生了较多的裂缝,有效实现了体积缝网改造,证实了新方法的有效性。由于高能气体压裂能沿径向产生多条裂缝,因此可以推断若同等条件下采用高能气体压裂技术也会获得较好的储层改造效果。

第3章　高能气体压裂裂缝起裂与扩展规律

高能气体压裂产生的裂缝是应力波与高温高压气体共同作用的结果。大量的研究结果表明，高能气体压裂裂缝在应力波作用下起裂，形成几倍于井径的短裂纹；随后在高压气体作用下发生扩展，裂缝长度与气体压力、穿透能力有关；加载速率的大小决定着裂缝的数量；地应力、初始裂缝长度与裂缝起裂时间、扩展速度有关。因此，研究高能气体压裂裂缝起裂与扩展规律，实现对裂缝起裂扩展的准确预测，对于研究和评价压裂效果具有重要意义。

3.1　高能气体压裂裂缝扩展模型

裂缝动态扩展是压裂设计的关键，是高能气体压裂所需要研究的关键问题。裂缝扩展模型包括射孔孔眼泄流模型、裂缝扩展几何模型、裂缝内流体压力分布及裂缝内流体的渗流模型等相关计算模型。

3.1.1　液体火药燃烧规律

液体火药是通过泵车泵入套管射孔完井的水平段中，然后使用点火器点火的方式点燃，产生高温高压气体。假定药柱内表面上各点的燃烧速度 u 是均匀的，时刻 t 液体药柱燃烧的燃烧厚度是 δ_t，则

$$V_{g} = \pi r_{w}^{2}\delta_{t} \tag{3.1}$$

式中，V_{g} 为液体药柱的燃烧体积，m^3；r_{w} 为井筒半径，m；δ_{t} 为任意时刻 t 药柱的燃烧厚度，m。

火药燃烧速度受到多重因素影响，主要包括火药成分、环境压力、初始温度以及穿过燃烧表面的流速等。液体火药在水平井井筒段燃烧，井筒压力对燃烧速率具有最直接的影响。基于几何燃烧规律（Yang and Risnes，2001），火药燃速与井筒压力成指数关系，即

$$u = \frac{\mathrm{d}\delta}{\mathrm{d}t} = u_{0}P_{w}^{n} \tag{3.2}$$

式中，u 为火药的燃烧速度，m/s；u_{0} 为燃速系数；P_{w} 为爆燃的井筒压力，MPa；n 为压力指数，一般 n 的取值范围为 0.2～1.0。

水平井射孔段与压井液致使液体火药充填在一个密闭的环境内，火药燃气压力由液体火药的装药量决定。液体燃烧将产生高压气体，本书采用基于范德瓦尔

斯气体状态方程（金志明，2005）描述密闭环境内高温高压气体的相互作用，由于火药燃烧产生的气体温度与压力都非常高，忽略分子间引力的影响，只考虑分子间的斥力作用，则状态方程为

$$P(V - V_\alpha) = RT \tag{3.3}$$

式中，V 与 V_α 分别为高能气体的比容与余容，m^3/kg；且比容 V 可用下式表示：

$$V = \frac{V_0 - \dfrac{M - M_A}{\rho_p}}{M_A} = \frac{V_0 - \dfrac{M}{\rho_p}\left(1 - \dfrac{M_A}{M}\right)}{M_A} \tag{3.4}$$

式中，M 与 M_A 分别为液体火药的用量与已燃质量，kg；ρ_p 为液体火药的密度，kg/m^3；V_0 为液体火药在套管中燃烧形成的空腔，m^3。

为了便于研究，引入"已燃百分数 φ"和"液体火药力 f"两个参数对公式（3.4）进行描述：

$$\varphi = \frac{M_A}{M}, \quad f = RT \tag{3.5}$$

将式（3.4）的相关参数用式（3.5）表示，并代入式（3.3）中，得出液体火药在水平井井筒内燃烧的峰值压力计算式：

$$P = P_0 + \frac{fM\varphi}{V_0 - \dfrac{M}{\rho_p}(1 - V_\alpha) - V_\alpha M\varphi} \tag{3.6}$$

式中，φ 为已燃百分数；f 为液体火药力，J/kg；P_0 为静液柱压力，MPa。

在实际压裂过程中，温度迅速增加不会短时间内造成管柱与地层岩石的变形，在实际分析中，忽略温度的变化对裂缝扩展的影响，将温度视为常量。

3.1.2 压裂裂缝扩展模型

3.1.2.1 假设条件

（1）高能气体产生的裂缝几何形态为楔形裂缝（图3.1）；

（2）模拟过程中，裂缝条数预先确定；

（3）裂缝高度保持不变，只考虑裂缝在宽度和长度方向的扩展情况；

（4）高能气体压裂在很短的时间内完成，因此忽略高能气体与地层之间的热传递；

（5）火药燃烧产生的多条裂缝沿水平井筒均匀分布、性质相同；

（6）气体压力作用下的裂缝扩展过程为准静态。

根据上述假设，高能气体压裂裂缝扩展示意图如图3.1所示，其中 r_w 为水平井井筒半径，m；w_f 为裂缝宽度，m；L_f 为裂缝长度，m。

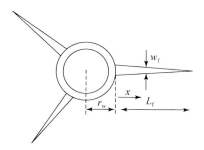

图 3.1　楔形裂缝扩展示意图

3.1.2.2　射孔孔眼泄流模型

液体火药充填在水平井井筒中，通过点火装置点火，燃烧产生高温高压气体，假设高能气体压裂过程中通过射孔孔眼中的泄流流体主要是气体，忽略液体火药渗滤的影响。

用因次分析法（Yang and Risnes，2001）导出泄流规律模型，确定出主要的影响因素。由于气体具有压缩性，可以选择泄流的质量速率作为分析的对象。气体在射孔孔眼中的泄流质量流速与套管内外压差、套管射孔总面积、流体密度、孔眼内径有关。

根据因次一致性原理，可得到气体通过射孔孔眼的泄流规律：

$$m_{\mathrm{g}} = CA_{\mathrm{h}}\sqrt{\Delta P_{\mathrm{h}}\rho_{\mathrm{g}}} \tag{3.7}$$

式中，m_{g} 为从射孔孔眼中泄流出气体的质量流速，kg/s；C 为泄气经验系数，与射孔孔眼内径等因素有关；A_{h} 为套管射孔总面积，m^2；ρ_{g} 为液体火药燃气的密度，$\mathrm{kg/m}^3$；ΔP_{h} 为套管内外压差，MPa。

气体通过孔眼的线速度与质量流速的关系：

$$m_{\mathrm{g}} = u_{\mathrm{g}}A_{\mathrm{h}}\rho_{\mathrm{g}} \tag{3.8}$$

式中，u_{g} 为孔眼泄流的线速度，m/s。

联合式（3.8）和式（3.8）可得到射孔孔眼泄流的气体线速度：

$$u_{\mathrm{g}} = C\sqrt{\dfrac{\Delta P_{\mathrm{h}}}{\rho_{\mathrm{g}}}} \tag{3.9}$$

套管射孔不可能符合超声速喷管的条件，燃气通过孔眼的线速度有一个上限值，即燃气温度对应的声速限制，即

$$u_{\mathrm{g}} \leqslant u_{\mathrm{ag}} \tag{3.10}$$

液体火药燃气温度条件下对应的声速为

$$u_{\mathrm{ag}} = \sqrt{kRT} \tag{3.11}$$

式中，u_{ag} 为液体火药燃气温度条件下对应的声速，m/s；k 为燃气绝热常数；R

为气体常数，$MPa \cdot m^3 / (kmol \cdot K)$；$T$ 为燃气温度，K。

在任意时刻 t，从水平井筒中通过射孔孔眼泄流出的燃气总质量可以通过对质量流速积分获得

$$M_g = \int_0^t m_g dt \qquad (3.12)$$

式中，M_g 为从射孔孔眼泄流出的燃气总质量，kg。

3.1.2.3　裂缝扩展模型

页岩气藏一般都存在着大量的微裂纹和微孔隙，这些微裂纹和微孔隙内充填着脆性矿物。具有微裂纹的弹性体在受力之后，在裂纹尖端区域产生局部应力集中现象，使裂纹尖端存在奇异性，即

$$\sigma_{ij}(r, \theta) \propto \frac{1}{\sqrt{r}}, \quad (r \to 0) \qquad (3.13)$$

基于这一性质，Irwin（1957）提出了一个新的物理量——应力强度因子，并建立了应力强度因子断裂判据。

本书基于应力强度因子断裂判据建立高能气体压裂裂缝扩展的扩展准则。应力强度因子 K_I 可通过式（3.14）表示为

$$K_I = \delta\sigma\sqrt{\pi a} \qquad (3.14)$$

式中，σ 为在裂纹位置上按无裂纹计算的应力，MPa；δ 为形状系数，与裂纹大小、位置等有关；a 为裂纹尺寸，m。

当页岩岩石的 K_I 值达到其断裂韧度 K_{IC} 时，岩石就会失稳扩展。则页岩岩石的断裂判据可以表示为

$$K_I \geqslant K_{IC} \qquad (3.15)$$

其中，K_I 是与具有裂纹构件所承受的载荷、裂纹几何形状和尺寸等因素有关的函数，$MPa \cdot m^{1/2}$；K_{IC} 表征材料阻止裂纹扩展的能力，是材料抵抗断裂的一个韧性指标，可以通过实验测定，$MPa \cdot m^{1/2}$。

高能气体压裂套管射孔完井的孔眼与井筒是连通的，裂缝起裂方位与射孔方位一致。

1. 裂缝尖端应力强度因子计算和裂缝宽度计算

通过弹性理论，可用计算双翼裂缝扩展的方法来计算高能气体压裂裂缝尖端的应力强度因子和裂缝宽度。

$$w_f(x) = \frac{4(1-\nu)}{\pi G} \int_x^{L_x} \left[\int_0^\eta \frac{(P-\sigma_0)}{\sqrt{\eta^2 - \xi^2}} f_{2w}\left(\frac{\xi}{\eta}, \frac{\eta}{r_w}\right) d\xi \right] f_{2w}\left(\frac{x}{\eta}, \frac{\eta}{r_w}\right) \frac{\eta d\eta}{\sqrt{\eta^2 - x^2}}$$

$$(3.16)$$

$$K_{\mathrm{I}} = 2 \sqrt{\frac{L_{\mathrm{f}}}{\pi}} \int_0^{L_{\mathrm{f}}} \frac{(P - \sigma_0)}{\sqrt{L_{\mathrm{f}}^2 - x^2}} f_{2w} \left(\frac{x}{L_{\mathrm{f}}}, \ \frac{L_{\mathrm{f}}}{r_{\mathrm{w}}} \right) \mathrm{d}x \qquad (3.17)$$

式中，G 为页岩岩石的剪切模量，GPa；ν 为页岩泊松比；P 为在裂缝中的流体压力，MPa；σ_0 为围压（被看作两个水平主应力的平均值），MPa。

对于双翼裂缝，加权函数 f_{2w} 可以通过式（3.18）来表示：

$$f_{2w} \left(\frac{x}{L_{\mathrm{f}}}, \ \frac{L_{\mathrm{f}}}{r_{\mathrm{w}}} \right) = 1 + 0.3 \left(1 - \frac{x}{L_{\mathrm{f}}} \right) \left(\frac{1}{1 + L_{\mathrm{f}}/r_{\mathrm{w}}} \right) \qquad (3.18)$$

由于高能气体压裂的裂缝条数一般超过两条，因此多条裂缝对裂缝宽度和应力强度因子的影响必须考虑在内，引入附加加权函数来表示多条裂缝。

$$f_N = f_{Nx} \frac{1 + \dfrac{N_{\mathrm{f}} L_{\mathrm{f}}}{\pi r_{\mathrm{w}}}}{f_{Nx} + \dfrac{N_{\mathrm{f}} L_{\mathrm{f}}}{\pi r_{\mathrm{w}}}} \qquad (3.19)$$

式中，N 为裂缝条数，f_{Nx} 可以通过式（3.20）来计算：

$$f_{Nx} = 1 + \frac{\pi}{2} \left(\frac{2 \sqrt{N_{\mathrm{f}} - 1}}{N_{\mathrm{f}}} - 1 \right) \left(1 - \frac{x^2}{L_{\mathrm{f}}^2} \right) \qquad (3.20)$$

多裂缝总的加权函数是两个加权函数的结果：

$$f_{Nw} = f_N f_{2w} \qquad (3.21)$$

用 f_{Nw} 替代式（3.16）和式（3.17）中的 f_{2w}，即可得到多裂缝的裂缝宽度和裂缝尖端应力强度因子的表达式。

在模拟裂缝内流体流动时，使用平均裂缝宽度，可以通过式（3.22）来计算：

$$\overline{w_{\mathrm{f}}} = \frac{1}{L_{\mathrm{f}}} \int_0^{L_{\mathrm{f}}} W_{\mathrm{f}}(x) \, \mathrm{d}x \qquad (3.22)$$

2. 裂缝长度的计算模型

岩石受力裂缝一旦起裂，就以恒定的速度向前扩展，其计算值为

$$u_{\mathrm{s}} = 0.38 C_{\mathrm{p}} \qquad (3.23)$$

式中，u_{s} 为裂缝扩展速度，m/s；C_{p} 为页岩中的纵波传播速度，m/s。

可以通过波动方程求页岩岩石中纵波传播速度的值：

$$C_{\mathrm{p}} = \sqrt{\frac{E(1 - \nu)}{\rho_{\mathrm{r}} (1 + \nu)(1 - 2\nu)}} \qquad (3.24)$$

式中，ρ_{r} 为岩石密度，kg/m³。

任意时刻 t 单翼裂缝的扩展长度为

$$L_{\mathrm{f}}(t) = u_{\mathrm{s}} t \qquad (3.25)$$

式中，$L_{\mathrm{f}}(t)$ 为任意时刻裂缝扩展长度，m。

3.1.2.4　裂缝内压力分布

高能气体压裂裂缝的扩展主要取决于高能气体的加载，沿着裂缝壁面的压力分布受裂缝内的流体控制，通过对高能气体流动分析来获得沿裂缝长度方向上的压力分布。沿裂缝长度的压降可以表示为

$$\frac{\mathrm{d}P_\mathrm{f}}{\mathrm{d}x} = Am_\mathrm{f}^2 + Bm_\mathrm{f} \tag{3.26}$$

式中，A 和 B 分别表示由紊流和层流引起的阻力压降经验系数；m_f 为裂缝中爆生气体的质量流速，kg/s。

其中：

$$A = \frac{1}{C_1 \overline{W}_\mathrm{f}^{0.5} \exp(-1.5\varepsilon\sqrt{W_\mathrm{f}})} \tag{3.27}$$

$$B = \frac{12\mu_\mathrm{f}}{\overline{W}_\mathrm{f}^3} \tag{3.28}$$

式中，ε 为裂缝壁面的粗糙度；μ_f 为气体在裂缝内的流动黏度，Pa·s。

3.1.2.5　气体渗滤模型

液体火药燃烧产生高温高压气体通过射孔孔眼进入裂缝，只有气体在裂缝壁面上滤失，高能气体在页岩中的滤失运移视为非达西渗流，即在达西公式中增加一个二次项。

$$-\frac{\partial p}{\partial x} = \frac{\mu_\mathrm{f}}{K}v(x,\ t) + \beta\rho_\mathrm{g}\left[v(x,\ t)\right]^2 \tag{3.29}$$

式中，v 为高能气体在裂缝壁面的渗流速度，m/s；K 为页岩岩石渗透率，μm^2；β 为非达西系数（取决于多孔介质的特性），一般通过 Geertsma 方法计算，其计算式为：$\beta = 0.005/\sqrt{K\phi}$。

由此得出，在 t 时间内，整个裂缝的渗滤量为

$$q(t) = \sum_{i=1}^{N} \int_0^t \int_0^{L_i(t)} u(x,\ t)h\mathrm{d}x\mathrm{d}t \tag{3.30}$$

式中，$q(t)$ 为 t 时间内，整个高能气体压裂裂缝体系内的滤失量，m^3；N 为裂缝条数；$L_i(t)$ 为 t 时刻，第 i 条裂缝内流体的贯入长度，m；h 为页岩气层厚度，m。

3.2　页岩气储层水平井高能气体压裂裂缝起裂规律

3.2.1　水平井筒与孔眼应力分布

储层一般会受到三个相互垂直的应力作用，分别为垂向应力 σ_v，以及两个水平主应力 σ_H 和 σ_h。通过坐标轴之间的转换，得出坐标系（x，y，z）中，水平井井筒周围的正应力和剪应力分量（陈勉等，2008a）见式（3.31）：

$$\begin{cases} \sigma_{xx} = \sigma_v \\ \sigma_{yy} = \sigma_H \sin^2\beta + \sigma_h \cos^2\beta \\ \sigma_{zz} = \sigma_H \cos^2\beta + \sigma_h \sin^2\beta \\ \tau_{xy} = 0 \\ \tau_{yz} = (\sigma_h - \sigma_H)\sin\beta\cos\beta \\ \tau_{zx} = 0 \end{cases} \quad (3.31)$$

式中，σ_{xx}，σ_{yy}，σ_{zz} 为水平井井筒周围正应力分量，MPa；τ_{xy}，τ_{yz}，τ_{zx} 为水平井井筒周围剪应力分量，MPa；β 为水平井井筒方位角。

水平井井筒周围岩石将受到高能材料燃烧产生的应力波与高压气体、原地应力、井筒与孔眼应力集中等共同作用，井筒中任意一点受力满足叠加原理，需综合分析各个因素对井筒受力的影响，分析过程中，认为压应力为正，拉应力为负，并采用水平井井筒柱坐标（r，θ，z）描述（图 3.2）。

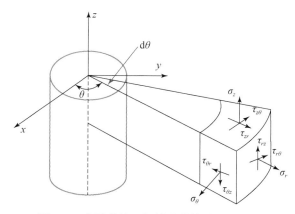

图 3.2　水平井柱坐标描述井筒受力示意图

高能气体压裂过程中，井筒内充满压档液，应力波与高能气体促使压档液在井筒沿井轴流动，产生额外摩擦力，并使少量压档液压入孔眼，作用于井壁，与

应力波产生的冲击作用力相比，影响很小，在计算中忽略其影响。在井壁处由应力波与高能气体产生的压力引起的岩石应力变化为

$$\begin{cases} \sigma_r = P_w \\ \sigma_\theta = -P_w \\ \sigma_z = 0 \end{cases} \tag{3.32}$$

式中，σ_r，σ_θ，σ_z 分别为水平井井筒径向、切向、轴向应力，MPa；P_w 为应力波与爆燃气体产生的压力，MPa。

地层一旦钻开，为平衡地应力，井筒周围形成应力集中，井壁处将受到原始地应力的作用：

$$\begin{cases} \sigma_r = 0 \\ \sigma_\theta = (\sigma_{xx} + \sigma_{yy}) - 2(\sigma_{xx} - \sigma_{yy})\cos2\theta - 4\tau_{xy}\sin2\theta \\ \sigma_z = \sigma_{zz} - \nu[2(\sigma_{xx} - \sigma_{yy})\cos2\theta + 4\tau_{xy}sin2\theta] \\ \tau_{r\theta} = 0 \\ \tau_{\theta z} = 2(-\tau_{xz}\sin\theta + \tau_{yz}\cos\theta) \\ \tau_{rz} = 0 \end{cases} \tag{3.33}$$

式中，θ 为水平井井筒圆周角，（°）；$\tau_{r\theta}$，$\tau_{\theta z}$，τ_{rz} 为水平井井筒的剪应力分量，MPa。

大量的研究表明液体火药注入井中，通过固体推进剂引燃，在毫秒级范围内生成高的应力波，促使井筒周围岩石产生动态响应，形成初始裂缝。此时高能气体尚未释放（或少量释放），释放气体几乎来不及渗滤地层，忽略渗滤效应产生的附加载荷对井壁的影响。

根据叠加原理，水平井井筒处的总应力分布可以通过各个因素引起的应力叠加得到。柱坐标下水平井井筒任意一点的应力分布为

$$\begin{cases} \sigma_r = P_w \\ \sigma_\theta = -p_w + (\sigma_{xx} + \sigma_{yy}) - 2(\sigma_{xx} - \sigma_{yy})\cos2\theta \\ \sigma_z = \sigma_{zz} - 2\nu(\sigma_{xx} - \sigma_{yy})\cos2\theta \\ \tau_{r\theta} = 0 \\ \tau_{\theta z} = 2\tau_{yz}\cos\theta \\ \tau_{rz} = 0 \end{cases} \tag{3.34}$$

对于水平井裸眼完井，井筒周围应力分布可用于分析裂缝起裂过程。但对于水平井射孔完井，井筒周围应力分布更加复杂，井筒是通过射孔孔眼与地层岩石连通的，裂缝通过射孔孔眼起裂，孔眼处的应力变化是研究高能气体压裂裂缝起裂的关键。在分析过程中，可将射孔孔眼假设为正交于井筒轴线的微孔，孔道表面的应力分布可用井筒周围的应力分布（图 3.3）导出（Fallahzadeh et al.，2010；郭天魁，2013）：

$$
\begin{cases}
\sigma_{rp} = P_w \\
\sigma_{\theta p} = \sigma_z + \sigma_\theta - 2(\sigma_z - \sigma_\theta)\cos2\theta' - 4\tau_{\theta z}\sin2\theta' - p_w \\
\sigma_{zp} = \sigma_r - \nu[2(\sigma_z - \sigma_\theta)\cos2\theta' + 4\tau_{\theta z}\sin2\theta'] \\
\tau_{r\theta p} = 0 \\
\tau_{\theta zp} = 2(\tau_{r\theta}\cos\theta - \tau_{rz}\sin\theta') \\
\tau_{rzp} = 0
\end{cases}
\tag{3.35}
$$

式中，σ_{rp} 为孔眼径向应力，MPa；$\sigma_{\theta p}$ 为孔眼切向应力，MPa；σ_{zp} 为孔眼轴向应力，MPa；$\tau_{r\theta p}$，$\tau_{\theta zp}$，τ_{rzp} 为射孔孔眼表面的剪应力分量，MPa；θ' 为射孔孔眼圆周角，(°)。

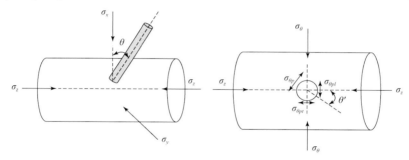

图 3.3　水平井射孔孔眼周围应力分布

将式（3.34）代入式（3.35）中，可以得到水平井射孔完井孔眼表面的应力分布：

$$
\begin{cases}
\sigma_{rp} = P_w \\
\begin{aligned}
\sigma_{\theta p} = & -2p_w(1 + \cos2\theta') + (\sigma_{xx} + \sigma_{yy})(1 + 2\cos2\theta') \\
& + \sigma_{zz}(1 - 2\cos2\theta') - 2(\sigma_{xx} - \sigma_{yy})\cos2\theta \\
& \times [\nu(1 - 2\cos2\theta') + (1 + 2\cos2\theta')] - 4\tau_{\theta z}\sin2\theta'
\end{aligned} \\
\begin{aligned}
\sigma_{zp} = & \, p_w - 2\nu\cos2\theta'[\sigma_{zz} - \sigma_{xx} - \sigma_{yy} + p_w \\
& + 2(1 - \nu)(\sigma_{xx} - \sigma_{yy})\cos2\theta] - 4\nu\tau_{\theta z}\sin2\theta'
\end{aligned} \\
\tau_{r\theta p} = \tau_{\theta zp} = \tau_{rzp} = 0
\end{cases}
\tag{3.36}
$$

水平井井筒与射孔孔眼是连通的，井筒内火药燃烧产生的压力载荷 P_w 作用于孔眼，使孔眼内的压力增加，忽略孔眼入口的摩擦力，孔眼与井筒内受到同样的压力载荷 P_w。满足裂缝起裂条件时，会有新的裂缝从孔眼处起裂。

3.2.2　裂缝起裂判据及破裂压力计算

3.2.2.1　裂缝起裂判据

由式（3.34）与式（3.36）得出的井筒与孔眼应力分布可用于分析裂缝沿

孔眼处起裂，孔眼处的三个主应力为

$$\begin{cases} \sigma_1 = \sigma_{rp} \\ \sigma_2 = \dfrac{1}{2}\left[(\sigma_{\theta p} + \sigma_{zp}) - \sqrt{(\sigma_{\theta p} - \sigma_{zp})^2 + 4\tau_{\theta zp}^2}\right] \\ \sigma_3 = \dfrac{1}{2}\left[(\sigma_{\theta p} + \sigma_{zp}) + \sqrt{(\sigma_{\theta p} - \sigma_{zp})^2 + 4\tau_{\theta zp}^2}\right] \end{cases} \tag{3.37}$$

式中，σ_1 为孔眼处的法向主应力，MPa；σ_2 和 σ_3 为孔眼处的切向主应力，MPa，σ_2 总是小于或者等于 σ_3。

当孔眼处最大有效主应力大于孔眼周围岩石或水泥环的抗拉强度时，新的裂纹形成，裂缝起裂点如发生在水泥环上，将会形成微环隙，水泥环的性质与射孔方位影响着微环隙形成的可能性，在压裂施工中，会避免微环隙的形成。因此，只考虑在孔眼周围岩石上起裂。

$$\sigma_3' = \sigma_{\max}(\theta') \geqslant \sigma_t \tag{3.38}$$

其中：

$$\sigma_3' = \sigma_3 - \alpha P_p \tag{3.39}$$

式中，σ_3' 为有效主应力，MPa；P_p 为地层中的孔隙压力，MPa；α 为 Biot 多孔弹性系数。

3.2.2.2　起裂破裂压力计算

当水平井筒方向和最小主应力 σ_h 方向一致时，水平井井筒方位角 $\beta = 90°$，页岩储层改造效果较好，可以形成横切裂缝。根据地应力的关系，射孔方位角 $\theta = 90°$（沿 σ_H 方向）或 $\theta = 0°$（沿 σ_v 方向），与压裂设计的裂缝方向相同。

$\beta = 90°$，$\theta = 90°$ 时，将 $\beta = 90°$ 代入式（3.31）中，所得结果代入式（3.36）中，并结合式（3.39），经推导得出裂缝起裂压力 P_{w1} 为

$$(9 - 2v)\sigma_v + (3 - 2v)\sigma_H - \sigma_h - \alpha P_p - 4P_{w1} = -\sigma_t \tag{3.40}$$

整理得

$$P_{w1} = \frac{(9 - 2v)\sigma_v - (3 - 2v)\sigma_H - \sigma_h + \sigma_t - \alpha P_p}{4} \tag{3.41}$$

$\beta = 90°$，$\theta = 0°$ 时，经推导得出的起裂压力 P_{w2} 为

$$P_{w2} = \frac{(9 - 2v)\sigma_H - (3 - 2v)\sigma_v - \sigma_h + \sigma_t - \alpha P_p}{4} \tag{3.42}$$

水平井井筒方位与最小主应力方向一致时，实际起裂压力取 P_{w1} 和 P_{w2} 之间的最小值。

当水平井筒方向和最大主应力 σ_H 方向一致时，水平井井筒方位角 $\beta = 0°$，根据地应力的关系，射孔方位角 $\theta = 90°$（沿 σ_h 方向）或 $\theta = 0°$（沿 σ_v 方向），以便与压裂设计的裂缝方向相同。推导步骤与上述一致，得出 $\theta = 90°$ 或 $\theta = 0°$ 时的裂

缝起裂压力 P_{w3} 和 P_{w4}，分别为

$$P_{w3} = \frac{(9 - 2v)\sigma_{v} - (3 - 2v)\sigma_{h} - \sigma_{H} + \sigma_{t} - \alpha P_{p}}{4} \quad (3.43)$$

$$P_{w4} = \frac{(9 - 2v)\sigma_{h} - (3 - 2v)\sigma_{v} - \sigma_{H} + \sigma_{t} - \alpha P_{p}}{4} \quad (3.44)$$

裂缝起裂后，扩展的裂缝面倾斜角将随着地应力而发生变化，射孔完井裂缝起裂角可用式（3.45）计算。

$$\gamma = \frac{1}{2}\arctan\frac{2\tau_{\theta zp}}{\sigma_{\theta p} - \sigma_{zp}} \quad (3.45)$$

式中，γ 指起裂裂缝与孔眼轴线之间的夹角，（°）。

3.2.3　裂缝起裂的动态有限元分析

3.2.3.1　岩石响应的动力学基本方程

液态火药燃烧会产生高的应力波作用于水平井筒与射孔孔眼，促使初始裂缝（射孔长度）在随时间变化的外载荷作用下发生起裂，结构的动力学方程为

$$[M]\{\ddot{u}\} + [C]\{\dot{u}\} + [K]\{u\} = \{R(t)\} \quad (3.46)$$

式中，$[M]$、$[C]$、$[K]$ 分别为 n 阶的质量矩阵、阻尼矩阵与刚度矩阵；$\{\ddot{u}\}$，$\{\dot{u}\}$，$\{u\}$ 分别为加速度矢量、速度矢量与位移矢量；$\{R(t)\}$ 为载荷矢量。

3.2.3.2　Newmark 时间积分法

求解式（3.46）的方法很多，本书采用有限元数值直接积分法进行求解。有限元计算程序将动力学偏微分方程组近似变换为一组非线性常微分方程组，在满足收敛性的情况下，将响应过程划分为短的时间步。根据动力学方程（3.56），引入合适的假设，建立 t 时刻结构状态向量 $\{\ddot{u}_{t}\}$，$\{\dot{u}_{t}\}$，$\{u_{t}\}$ 到 $t+\Delta t$ 时刻状态向量 $\{\ddot{u}_{t+\Delta t}\}$，$\{\dot{u}_{t+\Delta t}\}$，$\{u_{t+\Delta t}\}$ 的递推关系，从 $t=0$ 时刻开始，一步步求出各时刻的状态向量。

根据 Newmark 时间积分法，对式（3.56）的基本假设与求解过程如下：

计算 $0 \sim t$ 时间内爆燃应力波对岩石结构的动态响应，根据动力学方程，在 $t+\Delta t$ 时刻：

$$[M]\{\ddot{u}_{t+\Delta t}\} + [C]\{\dot{u}_{t+\Delta t}\} + [K]\{u_{t+\Delta t}\} = \{R_{t+\Delta t}\} \quad (3.47)$$

利用拉格朗日中值定理，$t+\Delta t$ 时刻的速度矢量表示为

$$\{\dot{u}_{t+\Delta t}\} = \{\dot{u}_{t}\} + \{\ddot{u}\}\Delta t \quad (3.48)$$

式中，$\{\ddot{u}\}$ 是 $[t, t+\Delta t]$ 内某个时间点的值，即

$$\{\ddot{u}\} = (1 - \zeta)\{\ddot{u}_{t}\} + \zeta\{\ddot{u}_{t+\Delta t}\} \quad (3.49)$$

根据 Newmark 方法近似得到 $t+\Delta t$ 时刻的速度与位移矢量为

$$\{\dot{u}_{t+\Delta t}\} = \{\dot{u}_t\} + [(1-\zeta)\{\ddot{u}_t\} + \zeta\{\ddot{u}_{t+\Delta t}\}]\Delta t \tag{3.50}$$

$$\{u_{t+\Delta t}\} = \{u_t\} + \{u_t\}\cdot\Delta t + \left[\left(\frac{1}{2}-\xi\right)\{\ddot{u}_t\} + \xi\{\ddot{u}_{t+\Delta t}\}\right]\Delta t^2 \tag{3.51}$$

其中，权重因子 $\xi\in\left(0,\frac{1}{2}\right)$，$\zeta\in(0,1)$。决定着 Newmark 时间积分方法的收敛稳定性及精度水平。

已知 t 时刻的状态矢量 $\{\ddot{u}_t\}$，$\{\dot{u}_t\}$，$\{u_t\}$，可通过式（3.47）、式（3.50）和式（3.51）求得 $t+\Delta t$ 时刻的状态矢量 $\{\ddot{u}_{t+\Delta t}\}$，$\{\dot{u}_{t+\Delta t}\}$，$\{u_{t+\Delta t}\}$。

3.2.3.3 动态响应的有限元求解

液体火药引燃后，在极短时间内产生很高的应力波作用于页岩表面与射孔孔眼，压力随时间快速升高，使岩石内部结构在短时间内产生变形、断裂，采用有限元动力学分析法可以更好反映高能气体压裂的实际情况。

考虑到地应力与阻尼的影响，将方程（3.46）改写为

$$[M]\{\ddot{u}\} + [C]\{\dot{u}\} + [K]\{u\} = \{R\} + \{R^0\} \tag{3.52}$$

式中，$\{R^0\}$ 为由地应力引起的初应力载荷矢量。

根据方程（3.52）并考虑高能气体压裂裂缝的起裂与扩展，则应用 Newmark 方法具体求解的步骤如下：

①形成刚度矩阵 $[K]$、阻尼矩阵 $[C]$ 和质量矩阵 $[M]$；

②平衡地应力，形成井筒与孔眼的初始应力分布；

③获取 $t=0$ 时刻的初始值 $\{\ddot{u}_t\}$，$\{\dot{u}_t\}$，$\{u_t\}$；

④根据计算的收敛性与精度自行选择步长 Δt，并选择参数 ξ 与 ζ，计算下列有关参数：

$$a_0 = \frac{1}{\xi\Delta t^2}，\qquad a_1 = \frac{\zeta}{\xi\Delta t}，\qquad a_3 = \frac{1}{\xi\Delta t}，\qquad a_4 = \frac{1}{2\xi}-1$$

$$a_4 = \frac{\zeta}{\xi}，\qquad a_5 = \frac{\Delta t}{2}\left(\frac{\zeta}{\xi}-2\right)，\qquad a_6 = \Delta t(1-\zeta)，\qquad a_7 = \zeta\Delta t$$

⑤形成等效刚度矩阵 $[\tilde{K}] = [K] + a_0[M] + a_1[C]$，井筒与射孔孔眼周围初始应力载荷 $\{R^0\}$；

⑥计算 $t+\Delta t$ 时刻的外部等效载荷矢量 $\{\tilde{R}_{t+\Delta t}\}$：

$$\{\tilde{R}_{t+\Delta t}\} = \{R_{t+\Delta t}\} + [M](a_0\{u_t\} + a_2\{\dot{u}_t\} + a_3\{\ddot{u}_t\}) +$$
$$[C](a_1\{u_t\} + a_4\{\dot{u}_t\} + a_5\{\ddot{u}_t\}) + \{R^0_{t+\Delta t}\}$$

⑦解线性代数方程组 $[\tilde{K}]\{u_{t+\Delta t}\} = \{\tilde{R}_{t+\Delta t}\}$，求出 $t+\Delta t$ 的位移；

⑧计算射孔周围三个有效主应力，找到最大有效主应力 σ_3'；

⑨利用最大主应力准则判断孔眼是否起裂，若无转至⑪；

⑩有新裂纹形成新的 $[\tilde{K}]$，$[R^0]$；

⑪计算 $t+\Delta t$ 时刻的加速度与速度：

$$\{\ddot{u}_{t+\Delta t}\} = a_0(u_{t+\Delta t} - u_t) - a_2\{\dot{u}_t\} - a_3\{\ddot{u}\}$$

$$\{\dot{u}_{t+\Delta t}\} = \{\dot{u}_t\} + a_6\{\ddot{u}_t\} + a_7\{\ddot{u}_{t+\Delta t}\}$$

为了编程计算方便，将上述的高能气体压裂孔壁岩石动态响应的计算步骤改写为计算框图，如图 3.4 所示。

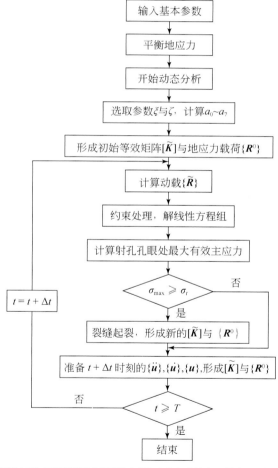

图 3.4 高能气体压裂裂缝起裂的有限元求解框图，其中 T 为总时间步长

3.2.4　实例计算

根据高能气体压裂动态响应的有限元求解框图，编写动态有限元计算程序，嵌入 ABAQUS6.14-1 商业软件中进行计算。

3.2.4.1　计算模型及网格剖分

页岩储层具有很强的非均质性与各向异性，在实际研究中非常复杂。为突出研究的重点，将页岩储层裂缝扩展域假设为均质、各向同性的二维平面应变模型，根据实际的液体火药加载过程，建立液体火药加载模型（如图 3.5 所示）。液体火药充满井筒，由于井筒与射孔孔眼是连通的，射孔内也含有液体火药。

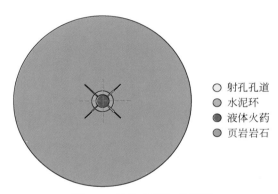

图 3.5　液体火药加载模型

图 3.6 展示了高能气体压裂计算模型，以水平井井筒轴线为轴，取圆柱形地层，地层的直径为 D，井筒的直径为 d，地层受到来自三个方向的地应力作用。水平井井筒方向与水平最小主应力方向一致。取图 3.6 中左图中的带井筒的壳单元为研究对象（红色部分），将其旋转 90° 如图 3.6 中右图所示。射孔数量为 4 个，射孔方位与垂向应力的夹角为 θ。模型不考虑天然裂缝的存在。

为了提高动力学有限元计算的精度，采用四节点矩形单元对裂缝体（计算模型）进行网格划分（图 3.7）。位移、速度及加速度定义在单元的节点上，压力、应力、应变及应变率定义在单元内。外力施加在节点上，节点会发生移动，使单元发生变形，可用有限元描述岩石受力后的变形断裂情况，以及各个参数的变化规律。射孔长度视为初始裂缝，裂缝在受力后会发生起裂、扩展，为了更好地描述岩石受力的变化规律，模型划分了 3456 个单元，具有 3552 个节点。

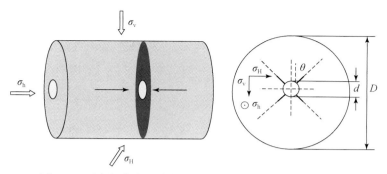

图 3.6　页岩气藏水平井高能气体压裂裂缝起裂与扩展模型

其中 $d=140\text{mm}$，$D=40\text{m}$，射孔长度 0.5m

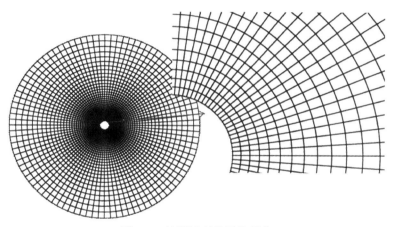

图 3.7　计算模型的网格划分

3.2.4.2　计算参数选取

以鄂尔多斯盆地延长组的页岩气储层为例，具体的储层力学参数如表 3.1
所示。

表 3.1　计算模型的力学参数取值

参数	数值
垂向应力（σ_v）/MPa	35
水平最大主应力（σ_H）/MPa	30
杨氏模量（E）/MPa	25×10^3
泊松比（ν）	0.25

续表

参数	数值
孔隙压力（P_p）/MPa	20
孔隙度（ϕ）	0.05
渗透率（K）/$10^{-3}\,\mu m^2$	1×10^{-6}
抗拉强度（σ_1）/MPa	5.6
页岩密度（ρ_r）/（kg/cm^3）	2650

3.2.4.3 计算结果分析

1. 井筒与射孔周围应力场

地应力是地层岩石普遍存在的内力，在研究的过程中，将页岩离散为大量的小单元体，每个小单元体分别受到垂向应力以及最大、最小水平主应力的作用。在动力有限元分析中将地应力作为初应力，求解过程中先要计算井筒与射孔周围的应力分布情况。为了分析井筒周围的应力分布，先不对地层进行射孔处理。图3.8 展示井筒周围沿 x 方向的正应力分量与 y 方向正应力分量。图3.9 展示井筒周围的切应力分量。裂缝起裂需要注入流体不断增压克服井筒周围的应力，使应力负值变为正值，井筒周围最大的主应力大于岩石抗拉强度时，井筒周围岩石发生断裂（图3.10）。

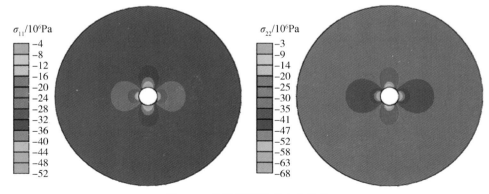

图3.8　井筒周围的正应力分量

射孔是水平井压裂设计的关键，射孔孔眼提供了井筒与目的层的沟通环境，减小了近井地带的压力降，可作为压裂的初始裂缝，确定了裂缝起裂与扩展的方向。射孔方位角与射孔长度都对裂缝起裂压力具有重要的影响。射孔方位与平面最大主应力的夹角越大，起裂压力越大（姜浒等，2009）；射孔长度越长，从射孔尖端起裂的压力越小，井筒效应对裂缝扩展的影响越小（Sepehri et al.,

2015）。图 3.11 为射孔尖端等效应力与射孔方位角之间的关系，射孔角度越大，射孔尖端的等效应力值越大，用于克服射孔尖端应力的外力载荷就越大，起裂压力会随之增加。

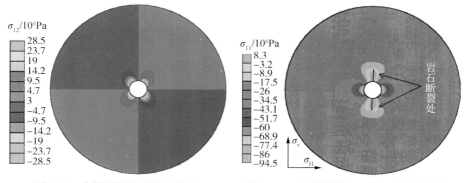

图 3.9　井筒周围的切应力分量　　图 3.10　井筒周围在 y 方向上形成裂缝，裂缝从垂直于平面上最小主应力的方向起裂

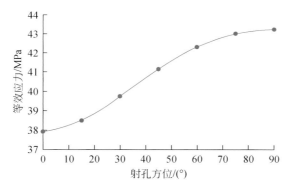

图 3.11　射孔尖端等效应力与射孔方位角之间的关系

2. 数值结果与解析结果对比

由水平井井筒方位与最小水平主应力的方位一致，水平井井筒方位角 $\beta = 90°$，射孔方位取值为 0° 与 90°。将表 3.1 中的页岩基本力学参数代入式（3.51）与式（3.52）中，可得到射孔方位角 $\theta = 0°$ 时，裂缝起裂压力为 44.275MPa；$\theta = 90°$ 时，裂缝起裂压力为 58.025MPa。根据二者数值之间的对比，最先起裂的射孔方位角 $\theta = 0°$（沿着垂向应力方位）。在井筒沿 x 轴与 y 轴方向对称地预设 4 条裂缝，裂缝长度为 0.5m，峰值压力为 $P_{max} = 100$MPa，$\Gamma = 10$MPa/ms。将表 3.1 中的页岩的力学参数通过图 3.4 的计算程序进行迭代求解得出，$\theta = 0°$ 时，裂缝起裂压力为 45.5MPa；$\theta = 90°$ 时，裂缝起裂压力为 59.163MPa。模型的数值结果与解析解误差在 3% 之内。图 3.12 显示了裂缝在应力波载荷的作用下，垂向裂缝预

先起裂并发生扩展，当压裂进行到 84ms 时，水平裂缝开始起裂。图 3.13 展示射孔方位与平面最大主应力的夹角为 0° 与 90° 时，射孔尖端处最大主应力与加载时间（到达峰值压力的时间）的变化关系。

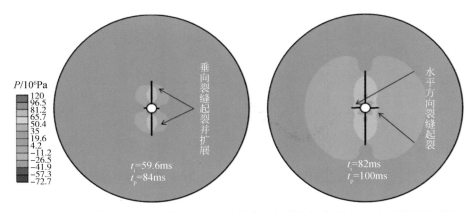

图 3.12　垂向裂缝与水平裂缝起裂规律，其中 t_i 为裂缝起裂时间，t_p 为裂缝扩展时间

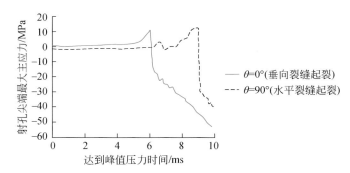

图 3.13　射孔尖端最大主应力与压力到达峰值的时间的变化关系

3.2.5　影响裂缝起裂与扩展参数分析

3.2.5.1　岩石力学参数对裂缝起裂的影响

页岩脆性指数是控制页岩压裂形成复杂裂缝形态的内在因素，通过页岩内脆性矿物含量（石英、长石、云母、碳酸盐矿物等）占总矿物含量的百分比进行表征，杨氏模量与泊松比是表征页岩脆性的主要力学参数，杨氏模量反映了页岩压裂后裂缝保持张开的能力，泊松比表示页岩在压力作用的破裂能力。

采用平面 4 相位射孔，射孔方位与平面最大主应力的夹角为 45°，相位角为 90°，射孔长度为 0.5m，峰值压力为 100MPa，加载速率 $\Gamma = 20$MPa/ms，分析不同杨氏模量、泊松比对裂缝起裂与扩展的影响。

　　杨氏模量对裂缝起裂的影响见表 3.2，泊松比对裂缝起裂的影响见表 3.3，其中 t_i 为裂缝起裂时间，ms；P_i 为射孔尖端起裂压力，MPa；L_a 为平均裂缝长度，m；L_t 为总裂缝长度，m。

表 3.2　不同杨氏模量下裂缝起裂规律

编号	$E/10^3$ MPa	t_i/ms	P_i/MPa	L_a/m	L_t/m
1	20	32.6	47.5	2.62	10.48
2	25	31.8	46.86	3.07	12.28
3	30	31.3	46.3	3.26	13.04
4	35	30.9	45.7	3.45	13.8

　　由表 3.2 可知，随着杨氏模量的增加，射孔尖端处裂缝起裂压力逐渐减小，裂缝开裂时间提前，形成的裂缝越长。

表 3.3　不同泊松比下裂缝起裂规律

编号	ν	t_i/ms	P_i/MPa	L_a/m	L_t/m
1	0.2	31.35	42.1	3.09	12.36
2	0.25	31.8	46.86	3.07	12.28
3	0.3	32.	49.2	2.71	10.84

　　由表 3.3 可知，随着泊松比的增加，射孔尖端处裂缝起裂压力逐渐增加，裂缝开裂所需的时间越多，形成的裂缝越短。

　　裂缝宽度与裂缝横向张开位移的关系可以表示为（Weber et al.，2013）

$$w_f = u^+ - u^- \tag{3.53}$$

式中，u^+ 为裂缝正面的横向位移，m；u^- 为裂缝负面的横向位移，m。

　　由图 3.14 可知，低杨氏模量的储层，在相同的压力载荷下形成的裂缝横向张开位移比高杨氏模量储层的大。

　　泊松比正好与之相反，随着泊松比的增加，裂缝横向位移降低（图 3.15）。

　　综合分析，高杨氏模量的储层有利于裂缝起裂，易形成窄而长的径向裂缝；低杨氏模量的储层裂缝起裂压力较大，起裂较晚，易形成宽而短的径向裂缝。低泊松比储层具有较高的岩石破裂能力，易形成宽而长的径向裂缝；高泊松比储层岩石破裂需要的压力更高，易形成窄而短的径向裂缝。

　　抗拉强度是岩石发生拉伸破裂的前提，是岩石重要的力学参数。参数取值参考表 3.1，抗拉强度取值分别为 2、4、6、8、10 和 12MPa，共计 6 个算例分析抗拉强度对裂缝起裂的影响（如图 3.16、图 3.17 所示）。

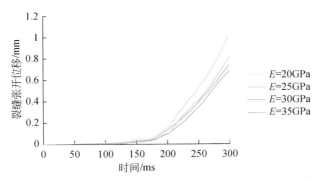

图 3.14 不同杨氏模量，射孔尖端裂缝张开位移与加载时间的关系曲线

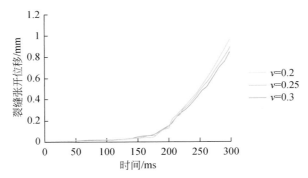

图 3.15 不同泊松比，射孔尖端裂缝张开位移与加载时间的关系曲线

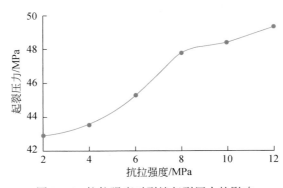

图 3.16 抗拉强度对裂缝起裂压力的影响

由图 3.16 可知，随着岩石抗拉强度的增加，岩石发生拉伸破裂所需的压力越高。

由图 3.17 得出抗拉强度对裂缝形态的影响，高抗拉强度的地层，岩石破裂

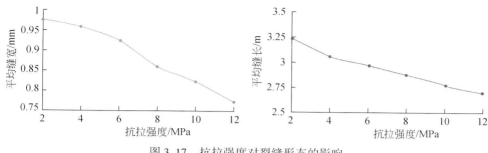

图 3.17　抗拉强度对裂缝形态的影响

能力较低，易形成窄而短的裂缝。

3.2.5.2　加载速率、峰值压力对裂缝起裂的影响

高能气体压裂加载速率、峰值压力是高能气体压裂设计的关键参数，加载速率决定着压裂裂缝的类型（如图 3.18 所示）。水力压裂加载速率较慢，升压时间以分钟计，一般形成两条垂直于最小主应力的裂缝；爆炸压裂加载速率非常快，作用时间几毫秒，易形成井崩型短裂纹；高能气体压裂正好处于两者之间，形成多条自井眼呈放射状的裂缝。峰值压力随着火药量的增加而增加，峰值压力高有利于裂缝的生长，不能高于套管与井壁所承受的载荷强度。现场实测的峰值压力与时间的关系曲线如图 3.19 所示。

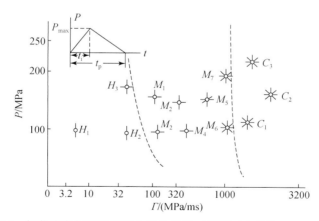

图 3.18　加载速率与压裂类型之间的关系（根据王安仕等，1998 修改）

由图 3.19 可知，与总的压裂时间相比，压力到达峰值的时间很快。火药燃烧产生很高的应力波载荷，使井筒内部的压力载荷迅速上升，这部分载荷对井筒周围裂缝起裂具有很大作用。为了简化研究过程，可将高能气体压裂过程分为两个大的阶段，即第一阶段是应力波载荷作用阶段，贡献了裂缝起裂（图 3.19 中

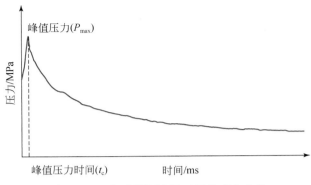

图 3.19　现场实测压力随时间的变化曲线

压力上升部分）；第二阶段是气体加载阶段促使裂缝扩展，裂缝的有效长度主要来自第二阶段的高能气体作用（图 3.19 中压力逐渐降低部分）。

设计 45°方位射孔，射孔数量为 4 个，射孔之间的相位角为 90°，射孔长度为 0.5m，峰值压力为 100MPa，加载速率变化范围为 5 ~ 100MPa/ms。表 3.4 中列出 11 个算例，分析加载速率对起裂规律的影响。

表 3.4　不同加载速率下裂缝起裂规律

编号	$\Gamma/(\mathrm{MPa/ms})$	t_c/ms	t_i/ms	P_i/MPa	L_a/m	L_t/m
1	5	200	117	44.85	12.5	50
2	10	100	59.6	45.5	6.35	25.4
3	20	50	31.8	46.86	3.07	12.28
4	30	33.3	23.2	48.3	1.77	7.08
5	40	25	17.6	51.52	1.11	4.44
6	50	20	15.2	54.34	0.77	3.08
7	60	16.7	14.1	57.43	0.56	2.24
8	70	14.4	13.1	62.03	0.36	1.44
9	80	12.5	11.7	65.9	0.2	0.8
10	90	11.1	11.1	69.8	0.17	0.68
11	100	10	—	—	0	0

由表 3.4 可知，在峰值压力保持不变的情况下，随着加载速率的增加，射孔尖端裂缝起裂时间提前，压裂持续时间短，最终形成的裂缝长度越短。加载速率对裂缝起裂压力也具有很大的影响（如图 3.20 所示）。裂缝起裂压力随着加载速率的增加而增加，说明高加载速率下，压力上升快，岩石不能及时响应，对井筒周围岩石产生压实作用，裂缝起裂较困难。当 $\Gamma=100\mathrm{MPa/ms}$ 时，应力波载荷作

用时间为 1ms，裂缝未起裂。

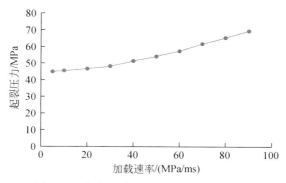

图 3.20　加载速率与起裂压力之间的关系

　　射孔参数取值保持不变，加载速率为 20MPa/ms，峰值压力取值范围为 60 ~ 160MPa，计算结果如表 3.5 所示。

表 3.5　不同峰值压力下裂缝起裂规律

编号	P_{max}/MPa	t_c/ms	t_i/ms	P_i/MPa	L_a/m	L_t/m
1	60	30	—	—	0	0
2	80	40	31.8	46.86	1.365	5.46
3	100	50	31.8	46.86	3.07	12.28
4	120	60	31.8	46.86	4.76	19.04
5	140	70	31.8	46.86	6.35	25.4
6	160	80	31.8	46.86	8.28	33.12

　　由表 3.5 可知，峰值压力对裂缝起裂时间与起裂压力没有影响；随着峰值压力的不断增加，裂缝长度也随之增加。$P_{max}=60$MPa 时，升压时间 30ms，没有达到开裂时间，裂缝未起裂。

　　设定压力加载时间，同时改变加载速率与峰值压力的取值，分析裂缝起裂规律，结果见表 3.6。

表 3.6　不同加载速率与峰值压力的裂缝起裂规律

编号	Γ/(MPa/ms)	P_{max}/MPa	t_i/ms	P_i/MPa	L_a/m	L_t/m
1	10	50	—	—	0	0
2	15	75	38.9	40.79	1.49	5.96
3	20	100	31.8	46.86	3.07	12.28
4	25	125	25.3	49.6	3.85	15.4
5	30	150	22.8	52.06	4.75	19

续表

编号	$\Gamma/(MPa/ms)$	P_{max}/MPa	t_i/ms	P_i/MPa	L_a/m	L_t/m
6	40	200	17.6	56.1	5.77	23.08
7	50	250	15.3	61.05	6.33	25.32
8	60	300	14.1	66.92	6.93	27.72

由表 3.6 可知，随着加载速率与峰值压力不断增加，裂缝开裂时间逐渐减小，起裂压力随之增加。通过上述研究，开裂时间、起裂压力主要受到加载速率的影响。随着加载速率、峰值压力的增加，裂缝长度逐渐增加，当 $\Gamma > 50MPa/ms$、$P_{max} > 250MPa$ 时，裂缝长度增加变缓，此时的峰值压力可能对套管与岩石井筒的稳定性产生很大的影响，甚至压裂套管、压塌井壁，造成射孔孔眼破坏。套管与井壁承受的强度载荷是峰值压力上限，在不对套管产生变形、破坏的前提下，加大火药量，提高峰值压力，减缓到达峰值压力的时间，有利于裂缝的生长。

3.2.5.3　加载速率对裂缝条数的影响

对于裸眼完井，裂缝条数主要由压力加载速率的大小来决定，据王安仕等（2008）研究，$\Gamma < 100MPa/ms$，形成单裂缝；$100 < \Gamma < 400MPa/ms$，产生 4 条裂缝；继续增加 $400 < \Gamma < 900MPa/ms$，出现 6～8 条裂缝；$\Gamma > 900MPa/ms$，井壁将发生崩裂。对于套管完井，裂缝条数除了与井筒内升压速率有关，还与射孔数量有关。射孔数量决定裂缝有效扩展的最大数量，而加载速率决定裂缝从孔眼起裂，并发生有效扩展的条数，对于低加载速率的压裂（如水力压裂），裂缝易从抵抗力最小的射孔方位起裂，形成双翼裂缝，多余的射孔不发生起裂或起裂没有形成有效扩展。高能气体压裂压力上升速率比水力压裂高很多，研究表明，高能气体一般形成 3～8 条有效裂缝。

以 6 条与 8 条初始裂缝（射孔孔道）为例，分析不同加载速率下，裂缝起裂与扩展的条数。

（1）采取 6 相位平面射孔（刘合等，2015），射孔方位与垂直应力的夹角分别为 30°、90°、150°、210°、270°、330°，分析加载速率对裂缝条数的影响。图 3.21 展示了 6 相位射孔尖端的起裂规律与裂缝内的压力分布情况。

由图 3.21（a）可知，加载速率 $\Gamma = 20MPa/ms$，6 相位射孔尖端，其中有 4 尖端发生起裂与扩展，两个与垂向应力夹角为 90°与 270°的射孔未发生起裂，说明这两个射孔内的起裂压力比其他四个射孔的起裂压力高，需要更快的升压速率促使射孔周围岩石产生动态响应。在图 3.21（b）中，加载速率 $\Gamma = 30MPa/ms$，6 相位射孔尖端全部起裂并发生扩展。说明加载速率是影响裂缝条数的关键参数，射孔数量决定裂缝从射孔尖端起裂的最大条数，加载速率决定裂缝从射孔尖端起裂的数量。高加载速率下，井内压力上升很快并迅速渲染到射孔尖端岩石，

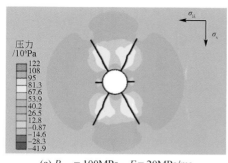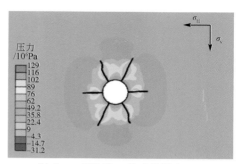

(a) $P_{max} = 100$MPa，$\Gamma = 20$MPa/ms　　　　　　(b) $P_{max} = 100$MPa，$\Gamma = 30$MPa/ms

图 3.21　不同加载速率下，6 条裂缝的起裂规律

使岩石发生破裂。射孔方位与平面内最大主应力的夹角越小，射孔内的起裂压力越低，裂缝越易起裂。

（2）采取 8 相位平面射孔，设计两套方案，探析加载速率与峰值压力是否都对裂缝条数产生影响。第一套方案是：射孔方位与垂直应力的夹角分别为22.5°、67.5°、112.5°、157.5°、202.5°、247.5°、292.5°、337.5°，模拟结果如图 3.21 所示。第二套方案是：射孔方位与垂直应力的夹角分别为 0°、45°、90°、135°、180°、225°、270°、315°，模拟结果如图 3.22 所示。

通过对比图 3.22 中的（a）与（b）可知，峰值压力有利于裂缝的生长，但对裂缝条数不产生影响，并验证了加载速率对裂缝条数的影响。由图（b）与（c）可知，平面射孔技术使井筒周围的应力场变得异常复杂，裂缝起裂与扩展不易预测，定向射孔裂缝起裂与扩展规律无法对其进行分析，必须采用孔与孔之间的作用关系以及裂缝之间的应力干扰作用进行分析。存在的裂缝或孔眼会对周围岩石与相邻裂缝或孔眼产生额外的挤压力。因此，在模拟过程中优先扩展的裂缝对周围岩石及相邻裂缝产生向外的挤压力，使它们之间的射孔除了受到地应力的影响外，还受到其他裂缝产生挤压力的作用，孔内起裂压力高于优先扩展的裂

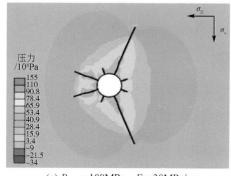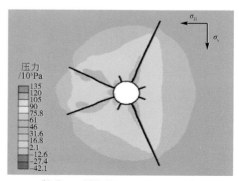

(a) $P_{max} = 100$MPa，$\Gamma = 30$MPa/ms　　　　　　(b) $P_{max} = 150$MPa，$\Gamma = 30$MPa/ms

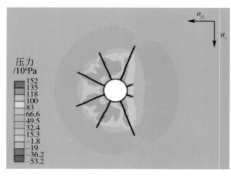 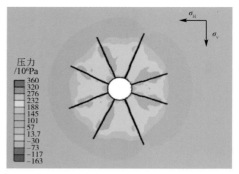

(c) $P_{max} = 150\text{MPa}$，$\Gamma = 50\text{MPa/ms}$　　　(d) $P_{max} = 250\text{MPa}$，$\Gamma = 100\text{MPa/ms}$

图 3.22　不同加载速率、峰值压力下，8 相位射孔裂缝起裂与扩展规律

缝。加载速率较低的条件下，载荷不能及时地渲染到所有射孔岩石表面，加之孔与孔间的相互作用不能使裂缝在短时间内达到同步起裂与扩展，从而导致了未起裂的裂缝起裂更加困难，最终未发生起裂，如图 3.22（a）、（b）与（c）所示。当加载速率增加到 $\Gamma = 100\text{MPa/ms}$，所有射孔裂缝全部起裂，如图（d）所示。

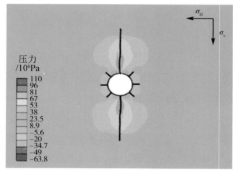 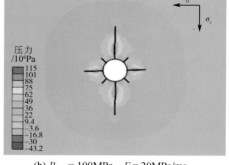

(a) $P_{max} = 100\text{MPa}$，$\Gamma = 10\text{MPa/ms}$　　　(b) $P_{max} = 100\text{MPa}$，$\Gamma = 20\text{MPa/ms}$

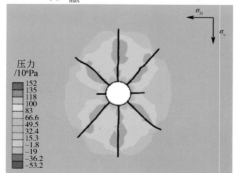

(c) $P_{max} = 150\text{MPa}$，$\Gamma = 30\text{MPa/ms}$　　　(d) $P_{max} = 150\text{MPa}$，$\Gamma = 40\text{MPa/ms}$

图 3.23　第二套方案在不同加载速率下，8 相位射孔裂缝起裂与扩展规律

图 3.23 较清楚地展现了加载速率对裂缝条数的影响，随着加载速率的增加，平面射孔裂缝起裂的条数增多。通过对比图（b）与（c）发现，加载速率对裂缝起裂的影响：低加载速率（$\Gamma<30\mathrm{MPa/ms}$）条件下，裂缝之间的干扰作用比高加载速率（$\Gamma>30\mathrm{MPa/ms}$）条件下的干扰作用强烈，图（b）中，优先扩展的垂向裂缝对周围裂缝产生应力干扰作用，致使垂向与水平之间的裂缝未发生起裂，反而射孔内起裂压力最大的水平裂缝发生起裂。图（c）中，加载速率 $\Gamma=30\mathrm{MPa/ms}$，水平方向裂缝一条未起裂，另一条起裂但未有效扩展，水平与垂向之间的裂缝全部起裂。对比图 3.22 与图 3.23 两套平面射孔模拟结果，第二套平面射孔方案使裂缝全部起裂需要更小的加载速率与峰值压力。对于现场施工峰值压力不能过大、加载速率不能过高，采用第二套平面射孔方案有利于产生更多的裂缝条数，裂缝扩展越长。

增加图 3.23（b）的峰值压力，提高应力波载荷作用时间，得出模拟结果如图 3.24 所示。对比图 3.23（c）、（d）与图 3.24 可知，加载速率有利于降低裂缝之间的应力干扰作用。低加载速率条件下，垂直与水平裂缝之间的初始裂缝起裂较晚，并形成不规则转向，最终与垂直裂缝重合。而高加载速率条件下，在射孔平面内形成自井筒呈放射状的有效裂缝，裂缝发散扩展不易重合，有利于提高岩石的裂缝密度，加大井筒周围的裂缝体积。

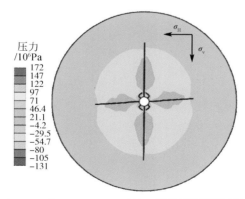

图 3.24　$P_{\mathrm{max}}=150\mathrm{MPa}$，$\Gamma=20\mathrm{MPa/ms}$ 时的 8 相位平面射孔裂缝起裂及扩展规律

3.3　页岩储层水平井高能气体压裂裂缝扩展规律

3.3.1　高能气体驱动裂缝扩展的流固耦合分析

高能气体压裂是高压气体流动、岩石受力变形的动态耦合过程，分析时既要考虑高压气体在裂缝内的流动及气体压力分布，又要考虑页岩在高压气体膨胀作

用下的变形过程。

3.3.1.1　高能气体在裂缝内的流动方程

高能气体在裂缝内的穿透作用视为一维瞬态流动，满足质量与动量守恒定律（Nilson，1988；Nilson et al.，1985）：

$$\frac{\partial(\rho_g w)}{\partial t} + \frac{\partial(\rho_g w v)}{\partial x} = -2\rho_g u_c \tag{3.54}$$

$$\frac{\partial(\rho_g w v)}{\partial t} + \frac{\partial(\rho_g w v^2)}{\partial x} = -\rho w \left(\frac{\partial p}{\rho_g \partial x} + \lambda\right) \tag{3.55}$$

式中，ρ_g 为裂缝内高能气体的密度，kg/m^3；w_f 为裂缝宽度，m；v 为裂缝 x 方向上流体的流动速度，m/s；u_c 为裂缝内高能气体的侧向渗流速度，m/s；λ 为裂缝壁面对气体流动的摩擦阻力系数。

高能气体压裂裂缝扩展可视为准静态分析过程，在实际分析过程中忽略体系中的惯性作用（Cho et al.，2004；李海涛等，2014；Goodarzi et al.，2015）。则式（3.55）变成了高能气体在裂缝壁面流动的压力梯度与摩擦力之间的平衡方程。

高能气体在裂缝内的流动形式为层流与紊流，以紊流为主（Goodarzi et al.，2015），其摩擦阻力系数为

$$层流：\lambda = \frac{12\mu}{\rho_g v w} \tag{3.56a}$$

$$紊流：\lambda = a\left[\frac{\varepsilon}{w}\right]^b \frac{v^2}{w} \tag{3.56b}$$

式（3.56b）是通过模拟流体在具有粗糙度的裂缝壁面发生紊流流动实验得出，其中，ε 为裂缝粗糙度；$a=0.1$，$b=0.5$。

将式（3.56a）与式（3.56b）分别代入式（3.55）中，换算整理得出气体在裂缝内的流动速度：

$$层流：v = \frac{w^2}{12\mu}\frac{\partial p}{\partial x} \tag{3.57a}$$

$$紊流：v = \sqrt{\frac{w}{f_t \rho_g}\left(-\frac{\partial p}{\partial x}\right)}；f_t = a\,(\varepsilon/w)^b \tag{3.57b}$$

在数值模拟时，将高能气体视为理想气体，理想气体的状态方程为

$$p = p_0 \left(\frac{\rho_g}{\rho_0}\right)^\eta \tag{3.58}$$

3.3.1.2　岩石变形与流体流动控制方程离散

岩体变形的应力平衡方程弱形式为

$$\int_{\Omega} \delta \boldsymbol{\varepsilon}^{\mathrm{T}} (\boldsymbol{\sigma} - p_{\mathrm{p}} \boldsymbol{I}) \mathrm{d}\Omega = \int_{\Omega} \delta \boldsymbol{u}^{\mathrm{T}} \boldsymbol{f} \mathrm{d}\Omega + \int_{\Gamma_F} \delta \boldsymbol{u}^{\mathrm{T}} \boldsymbol{t} \mathrm{d}\Gamma_F + \int_{\Gamma_c} \delta \boldsymbol{w}^{\mathrm{T}} \boldsymbol{p} \mathrm{d}\Gamma_c \quad (3.59)$$

式中，Ω 为二维扩展域；Γ_F、Γ_c 分别为外力边界与裂缝边界；δ 为克罗内克符号；$\boldsymbol{\varepsilon}$ 为虚应变矩阵；$\boldsymbol{\sigma}$ 为有效应力矩阵；p_{p} 为岩体孔隙压力，Pa；$\boldsymbol{I}$ 为单位矩阵；$\boldsymbol{u}$ 为虚位移矩阵；$\boldsymbol{f}$ 为体积力，Pa；$\boldsymbol{F}$ 为外力矩阵；$\boldsymbol{w}$ 为裂缝张开位移矩阵；$\boldsymbol{p}$ 为裂缝内流体压力矩阵。

　　裂缝内流体流动的连续性方程弱形式为

$$\int_{\Gamma_c} \frac{w^3}{12\mu} \nabla \boldsymbol{p} \, \nabla(\delta \boldsymbol{p}^{\mathrm{T}}) \mathrm{d}\Gamma_c = \left(\delta \boldsymbol{p}^{\mathrm{T}} \frac{w^3}{12\mu} \nabla \boldsymbol{p} \right)_{\Gamma_c} - \int_{\Gamma_c} \delta \boldsymbol{p}^{\mathrm{T}} \frac{\partial w}{\partial t} \mathrm{d}\Gamma_c - \int_{\Gamma_c} \delta \boldsymbol{p}^{\mathrm{T}} q_1 \mathrm{d}\Gamma_c$$

$$(3.60)$$

式中，∇ 为哈密顿算子；μ 为流体黏度，Pa·s；q_1 为流体滤失量，m^3；t 为时间，s。

　　将式（3.59）与式（3.60）耦合求解，即可得到裂缝在高压气体压力作用下的裂缝几何形态。

3.3.1.3　基于扩展有限元的裂缝描述

　　扩展有限元法（XFEM）最早是由 Moës 等（1999）提出的一种描述位移不连续问题的有限元修正方法，具有更强的实用性及方便性。在有限元的基础上添加裂缝间断形函数与额外自由度对裂缝位移场进行描述的，克服了有限元法在分析过程中，预先设定裂缝路径、无法体现裂缝的转向规律及裂缝扩展的任意性；并改善了有限元计算过程中，每次时间步之后都要对裂缝重新划分网格、增加网格划分难度及计算时间较长等关键问题（Fries and Belytschro，2010；Gordeliy and Peirce，2013）。

　　被裂缝完全贯穿的单元，裂缝面两侧的节点位移发生了明显跳跃，可用阶跃形函数 $H(\boldsymbol{x})$ 表示为

$$H(\boldsymbol{x}) = \pm 1 \quad (3.61)$$

　　没有被裂缝完全贯穿的单元（裂缝尖端止于单元内），裂尖周围的节点可用裂缝尖端形函数 $B(\boldsymbol{x})$ 表示为

$$\left[\boldsymbol{B}^m(\boldsymbol{x}) \right]_{m=1}^4 = \left[\sqrt{r} \sin \frac{\theta}{2}, \ \sqrt{r} \cos \frac{\theta}{2}, \ \sqrt{r} \sin \frac{\theta}{2} \sin\theta, \ \sqrt{r} \cos \frac{\theta}{2} \sin\theta \right] \quad (3.62)$$

用图形可以表示为图 3.25。

　　基于扩展有限元格式的裂缝周围位移场的近似式为

$$\boldsymbol{u}(\boldsymbol{x}) = \sum_{i \in I} N_i(\boldsymbol{x}) \boldsymbol{u}_i + \sum_{j \in I_{cr}} N_j(\boldsymbol{x}) H(\boldsymbol{x}) \boldsymbol{a}_j + \sum_{j \in I_{tip}} N_j(\boldsymbol{x}) \sum_{m=1}^4 G^m(\boldsymbol{x}) \boldsymbol{b}_j^m \quad (3.63)$$

式中，I 为网格中所有节点的集合，I_{cr} 为被裂缝完全贯穿的节点集合，I_{tip} 为裂尖的单元节点集合；$N_i(\boldsymbol{x})$ 为单元节点形函数，$N_j(\boldsymbol{x})$ 为单元中含有间断的节点形

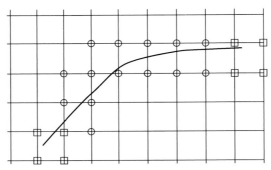

图 3.25　形函数节点的选择，四边形表示尖端形函数，圆形表示阶跃形函数

函数；u_i 为位移节点自由度；a_j 与 b_{jm} 分别为表征裂缝路径与尖端的额外节点自由度。

裂缝内的气体压力可用标准有限元法进行近似为

$$p(x) = \sum_{i \in I} N_i(x) p_i \tag{3.64}$$

一个裂缝体，同时受到体积力 f 与气体压力 p 的作用（如图 3.26 所示），发生起裂与扩展，可由式（3.65）表示：

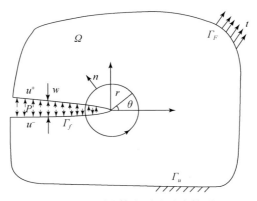

图 3.26　裂缝体内裂缝受力扩展

$$Ku = R \tag{3.65}$$

式中，K 为刚度矩阵；u 为未知位移向量；R 为外力向量。

对于一个单元，可将刚度矩阵、未知位移向量以及外力向量分别定义为

$$u^e = \{u_i, \ a_j, \ b_j{}^m\}^{\mathrm{T}} \tag{3.66}$$

$$K_{ij}^e = \begin{bmatrix} k_{ij}^{uu} & k_{ij}^{ua} & k_{ij}^{ub} \\ k_{ij}^{au} & k_{ij}^{aa} & k_{ij}^{ab} \\ k_{ij}^{bu} & k_{ij}^{ba} & k_{ij}^{bb} \end{bmatrix} \tag{3.67}$$

$$\boldsymbol{R}_i^e = \{R_i^u, \ R_i^a, \ R_i^b\} \tag{3.68}$$

其中：

$$k_{ij}^{rs} = \int_\Omega (\boldsymbol{B}_i^r)^{\mathrm{T}} \boldsymbol{D} \boldsymbol{B}_j^s \mathrm{d}\Omega, \ (r, \ s = u, \ a, \ b) \tag{3.69}$$

$$R_i^u = \int_\Omega N_i \boldsymbol{f} \mathrm{d}\Omega + \int_{\Gamma_F} \boldsymbol{N}_i \boldsymbol{t} \mathrm{d}\Gamma_F \tag{3.70}$$

$$R_i^a = \int_\Omega \boldsymbol{N}_i H \boldsymbol{f} \mathrm{d}\Omega + \int_{\Gamma_F} \boldsymbol{N}_i H \boldsymbol{t} \mathrm{d}\Gamma_F + 2 \int_{\Gamma_f} n \boldsymbol{N}_i \boldsymbol{p} \mathrm{d}\Gamma_f \tag{3.71}$$

$$R_i^b = \int_\Omega \boldsymbol{N}_i G^m \boldsymbol{f} \mathrm{d}\Omega + \int_{\Gamma_F} \boldsymbol{N}_i G^m \boldsymbol{t} \mathrm{d}\Gamma_F + 2 \int_{\Gamma_f} n \sqrt{r} N_i \boldsymbol{p} \mathrm{d}\Gamma_f \tag{3.72}$$

3.3.2 高能气体压裂压力加载过程

根据高能气体压裂实测的压力随时间的变化过程（图 2.18），建立数值模拟的压力加载模型（图 3.27）。

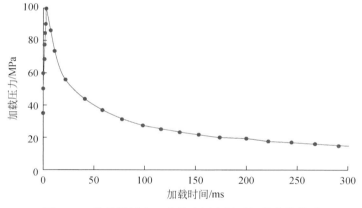

图 3.27 数值模拟中，井筒内压力随时间的变化关系

高能气体压裂模型建立与网格划分方式分别参考前文的图 3.6 与图 3.7，设计井筒半径 $d = 140\mathrm{mm}$，$D = 100\mathrm{m}$，射孔长度为 $0.5\mathrm{m}$。岩石力学参数选取于表 3.1。

本次模拟基于扩展有限元法分析高能气体载荷作用下的裂缝扩展过程，忽略井筒内温度变化对岩石变形的影响。

3.3.3 求解结果分析

3.3.3.1 高能气体驱动裂缝扩展规律

设计 4 相位平面射孔，射孔相位为 $90°$，采用平面沿 x 与 y 轴方向布孔和平面45°方位布孔，计算得出压力随时间的变化关系如图3.28～图3.31所示。

　　从图3.28可知，忽略射孔孔眼造成的压力损失，计算得出射孔尖端处的压力变化规律与实际加载压力过程相吻合，尖端处的压力先随时间快速升高，到达峰值，再随时间递减，前期递减较快，后期递减较慢，裂缝在横向与纵向上的扩展主要在压力快速递减阶段，说明压力递减快慢对裂缝扩展具有重要的影响。由计算结果可知，裂缝止裂时间约为300ms，300ms以后，裂缝不发生扩展。

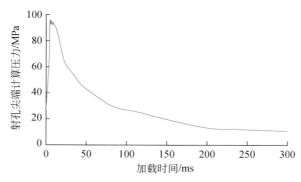

图3.28　射孔尖端处压力随时间的变化关系

　　图3.29～图3.31展示了0～300ms内不同射孔方位下，裂缝内压力随压裂时间的变化规律。

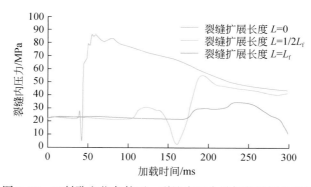

图3.29　0°射孔方位条件下，裂缝内压力随加载时间的变化

　　图3.32展示了裂缝周围节点位移的变化规律。由图可知，位移场在裂缝周围发生了明显的间断；0°与90°方位射孔形成的裂缝位移场［图3.32（a）］与45°方位射孔形成的裂缝位移场［图3.32（a）］具有明显的差异，0°裂缝张开位移（裂缝上表面节点位移与下表面节点位移的差值）大于45°裂缝张开位移，45°裂缝张开位移大于90°裂缝张开位移。

　　为了展现裂缝上表面节点位移与下表面节点位移随压裂时间的变化关系，将裂

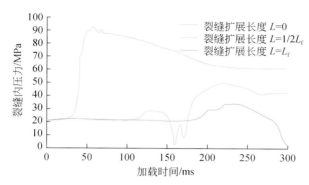

图 3.30　45°射孔方位条件下，裂缝内压力随加载时间的变化

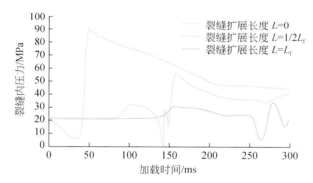

图 3.31　90°射孔方位条件下，裂缝内压力随加载时间的变化

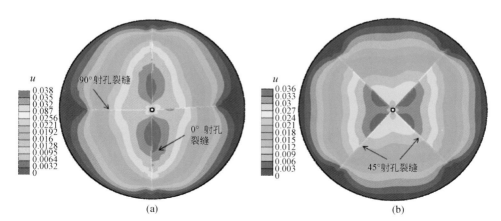

图 3.32　不同射孔方位下的裂缝扩展规律及裂缝周围位移场

缝下表面节点位移进行负号处理（图 3.33）。从图发现，无论射孔方位如何变化，裂缝下表面节点位移总是大于裂缝上表面节点位移，尤其 45°射孔方位，裂缝下表

面的节点位移比上表面的节点位移大很多，位移场出现明显间断。在 0 ~ 185ms
内，裂缝面节点位移随压裂时间逐渐增加；压裂进行到 185ms 之后，节点位移随
着压裂时间逐渐减小。

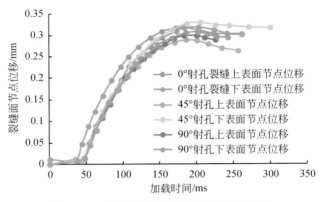

图 3.33　不同射孔方位裂缝尖端节点位移

图 3.34 展示了不同射孔方位张开位移随时间的变化过程，随着射孔方位的
增加，裂缝节点位移具有减小的趋势，说明射孔方位越大，越不利于裂缝在横向
上的扩展。

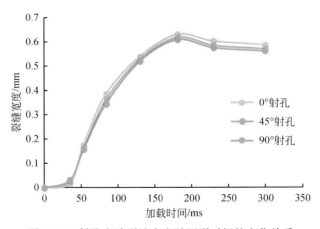

图 3.34　射孔尖端裂缝宽度随压裂时间的变化关系

由图 3.35 可知，射孔方位对裂缝扩展长度具有重要的影响，随着射孔方位
的增加，裂缝扩展长度逐渐减小。

3.3.3.2　压力递减速率对裂缝扩展的影响

研究表明：压力递减速率对裂缝扩展具有重要的影响，高能气体压裂的压力

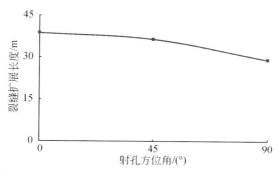

图 3.35　不同射孔方位，裂缝长度随时间的变化关系

递减速率快，不同于水力压裂。液体火药爆燃压裂的持续时间比固体火药爆燃压裂持续时间长，是因为液体火药燃烧时间较长，井内压力递减速率较慢，易形成更长、更宽的裂缝。

设计 45°方位射孔，射孔数量为 4 个，射孔之间的相位角为 90°，射孔长度为 0.5m，峰值压力为 100MPa，加载速率为 20MPa/ms，压力递减速率的取值范围 2~10MPa/ms。分析不同压力递减速率下裂缝的扩展规律。

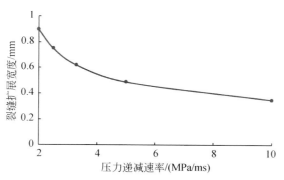

图 3.36　压力递减速率对裂缝宽度的影响

由图 3.36 与图 3.37 可知，随着压力递减速率的增加，高能气体对岩体的作用时间越短，形成的裂缝宽度与长度越小。因此，在现场压裂设计中，减缓火药的燃烧速率，增加高能气体的作用时间，是克服压力递减速率的有效途径，也是形成有效裂缝长度与宽度的前提。

3.3.3.3　页岩性质对裂缝扩展的影响

1. 页岩非均质性对裂缝扩展的影响

页岩储层在垂向与平面内的非均质性对裂缝扩展规律及裂缝周围应力分布具

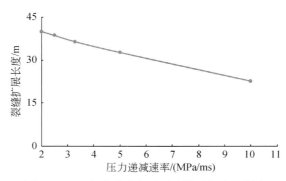

图 3.37　压力递减速率对裂缝扩展长度的影响

有重要的影响。页岩储层内层理发育明显，层理间的岩性与物性差别较大，层理间在垂向上的非均质性对人工裂缝在纵向上的扩展具有重要作用，层理间的非均质性越强，越不利于裂缝在纵向上的扩展。

　　根据页岩储层层理发育明显与层理间岩性非均质性强等特点，设计 20m×30m 的二维平面应变模型（如图 3.38 所示），x 方向即为页岩储层垂向方向，沿垂向方向分割 24 个小层，每个小层代表一个层理，z 方向为水平井井筒方向。设计三套岩性数据分别给每个层理依次赋值（表 3.7）。计算结果如图 3.39 与图 3.40 所示。

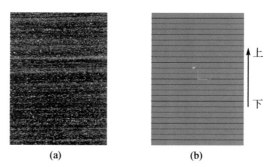

图 3.38　根据页岩储层层理特点建立裂缝扩展模型

表 3.7　页岩层理间岩性的排列方式

序号	杨氏模量 E/MPa	泊松比 ν	抗拉强度 σ_t/MPa
I	25×10^3	0.25	5.6
II	20×10^3	0.3	6.1
	25×10^3	0.25	5.6
	30×10^3	0.2	5.1

续表

序号	杨氏模量 E/MPa	泊松比 ν	抗拉强度 σ_t/MPa
Ⅲ	25×10^3	0.25	5.6
	20×10^3	0.3	6.1
	30×10^3	0.2	5.1
Ⅳ	30×10^3	0.2	5.1
	25×10^3	0.25	5.6
	20×10^3	0.3	6.1

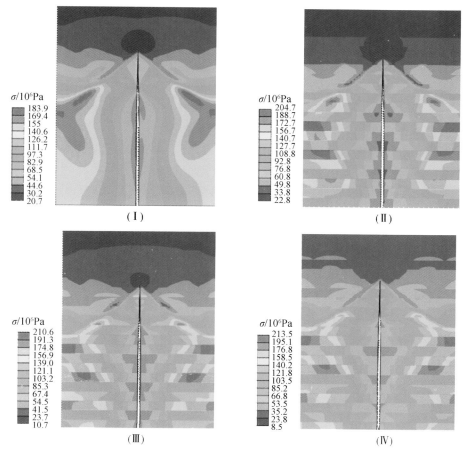

图 3.39 页岩垂向非均质性对裂缝周围应力分布的影响

由图 3.39 可知，页岩储层垂向非均质性对裂缝扩展的影响，无论页岩小层岩性如何排列，总是高杨氏模量和低泊松比的层理，容易受到主裂缝诱导应力的

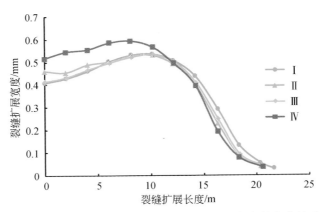

图 3.40　　不同岩性条件下，裂缝宽度随裂缝长度的变化关系

影响，应力集中较严重，易产生局部复杂缝网。不同层理的物性差异导致裂缝扩展过程中应力应变发生明显变化；形成的裂缝长度与宽度也不同。

从图 3.40 发现，按照图 3.39（Ⅳ）的岩性排列方式，形成的裂缝宽度明显大于其他排列方式的裂缝宽度，形成的裂缝长度略低于其他排列方式的裂缝长度。其他两种排列方式的岩性组合形成的裂缝几何与均质地层形成的裂缝几何差别不是很大。岩储层是由一层一层的层理堆叠而成的，内部含有不同力学性质的矿物颗粒，即脆性矿物和塑性矿物，一层与一层的岩性与物性具有明显的差异性，脆性矿物含量的多少和排列方式显著影响着页岩整体的宏观力学性质。

2. 页岩天然裂缝对裂缝扩展的影响

天然裂缝普遍发育是页岩储层异于常规天然气储层的主要特点，页岩内天然裂缝在人工压裂扰动作用下与人工裂缝相互作用、相互沟通，易形成复杂的裂缝网络，利于页岩气的有效开发。天然裂缝与人工裂缝相互作用是一个复杂的过程，也是裂缝扩展规律研究的关键性问题。本书基于扩展有限元法对页岩天然裂缝与高能气体压裂裂缝的相互作用进行研究。

消除边界对裂缝扩展的影响，选取 20m×30m 的二维平面应变模型如图 3.41 所示，z 方向为水平井井筒方位，y 方向为页岩储层在水平面的延伸方向。由于研究的是裂缝在横向上（y 方向）的扩展情况，假设页岩储层在平面上是均质、各向同性的。

水平主应力差 $\Delta\sigma = 10\text{MPa}$ 时，与图 3.41 对应的模拟结果如图 3.42 所示。

具有天然裂缝的储层受力后，在裂缝尖端区域会产生局部应力集中现象，使其周围的应力场更加复杂，并对高能气体压裂裂缝扩展产生重要的影响。从图 3.42（a）可知，高能气体压裂裂缝延伸到天然裂缝周围，在其应力场的影响下，向靠近天然裂缝的方向发生转向，但未诱导天然裂缝起裂，说明在逼近角 $\alpha <$

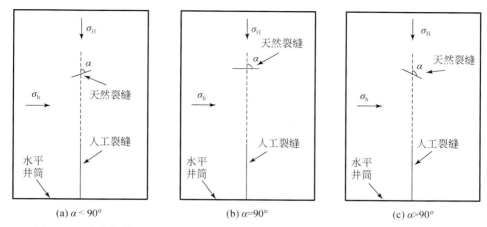

(a) α < 90°　　　　　　(b) α=90°　　　　　　(c) α>90°

图 3.41　高能气体压裂裂缝以不同逼近角与天然裂缝相互作用，其中 α 为逼近角

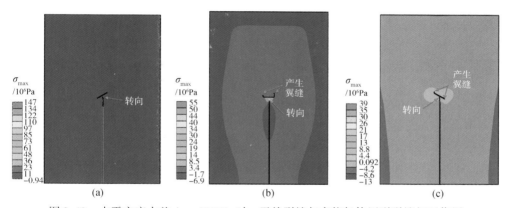

图 3.42　水平主应力差 $\Delta\sigma = 10\text{MPa}$ 时，天然裂缝与高能气体压裂裂缝相互作用

90°时，不易产生次生裂缝，高能气体压裂裂缝最终可能会贯穿天然裂缝。当逼近角 α=90°时，高能气体压裂裂缝发生转向［图 3.42（b）］，但诱导天然裂缝从两端起裂，在流体渗流及诱导应力的影响下，促使次生裂缝沿着最大水平主应力的方向扩展，高能气体压裂裂缝最终与天然裂缝沟通，易于形成复杂的裂缝几何。由图 3.42（c）可知当逼近角 α > 90°时，高能气体压裂向靠近天然裂缝的方向发生明显转向，并诱导天然裂缝从两尖端发生起裂，产生次生裂缝，高能气体压裂裂缝最终与天然裂缝合并，沿着天然裂缝扩展。

从上述分析可知，高能气体压裂裂缝以不同逼近角与天然裂缝相互作用将产生不同的裂缝几何形态，裂缝几何的复杂程度与逼近角、天然裂缝方位有重要的关系。从图 3.42（b）与（c）可知，由于应力场变化与裂尖流体渗流的影响，高能气体压裂裂缝还距天然裂缝一段距离时，就诱导天然裂缝发生起裂。

　　基于相同的模型，当水平主应力差 $\Delta\sigma = 5\,\mathrm{MPa}$ 时，高能气体压裂裂缝与天然裂缝相互作用的模拟结果如图 3.43 所示。

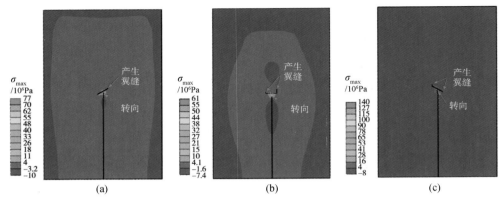

图 3.43　水平主应力差 $\Delta\sigma = 5\,\mathrm{MPa}$ 时，天然裂缝与高能气体压裂裂缝相互作用

　　对比图 3.42（a）与图 3.43（a）发现，当应力差 $\Delta\sigma = 10\,\mathrm{MPa}$ 时，高能气体压裂裂缝发生转向，没有诱导天然裂缝产生次生裂缝；在应力差 $\Delta\sigma = 5\,\mathrm{MPa}$ 时，高能气体压裂裂缝发生转向，并诱导天然裂缝产生次生裂缝。说明水平主应力差不同时会形成不同的裂缝几何，并且应力差越小越易形成较为复杂的裂缝形态。

　　以上研究表明：页岩储层天然裂缝发育，并与高能气体压裂裂缝相互作用会形成较为复杂的裂缝几何；天然裂缝与高能气体压裂裂缝的逼近角越大，水平主应力差越小越易形成更为复杂的裂缝。高能气体压裂裂缝以任意角度与天然裂缝相遇，均会发生不同程度的转向，产生的诱导应力促使天然裂缝发生剪切滑移形成新的次生裂缝，转向程度与天然裂缝方位、逼近角大小有关。

第4章　高能气体压裂裂缝渗流规律

页岩基质具有低孔隙度和特低渗透率的特点，气体在储层中以游离、溶解和吸附三种状态存在于储层中。在高能气体压裂施工后，储层中会同时存在基质孔隙、微裂缝和压裂裂缝等多尺度气体流通孔道，气体经过解吸、扩散和渗流三个阶段后进入井筒，因此气体渗流过程和流动形式复杂。建立能够准确表征高能气体压裂后页岩储层气体流动特点的渗流模型，进行求解并探究储层压力变化规律，分析储层及裂缝参数对压力分布、水平井生产的影响，从而获得页岩气储层高能气体压裂裂缝渗流规律。

4.1　页岩气藏气体流动特点

页岩气解吸后发生的渗流形式包括：扩散、滑脱、达西渗流，其中扩散又可以分为 Knudsen 扩散、过渡扩散、Fick 扩散，渗流形式可以根据 Knudsen 数划分。

4.1.1　Knudsen 方程

Knudsen 方程表达式（Bird，1994）为

$$K_n = \frac{\lambda}{d}, \ \lambda = \frac{k_B T}{\sqrt{2}\pi\delta^2 p} \times 10^{21} \tag{4.1}$$

式中，K_n 为 Knudsen 数；T 为温度，K；P 为压力，Pa；λ 为分子平均自由程，nm；d 为孔隙直径，nm；k_B 为 Boltzmann 常数，1.3805×10^{-23} J/K（Evans 和刘绍湘，1988）；δ 为分子碰撞直径，约为 0.4nm（Javadpour et al.，2007）。

从 1909 年 M. Knudsen 提出 Knudsen 数以来，Chen 和 Pfender（1983）首次利用 Knudsen 数对流动形式进行了划分，不同学者提出了不同的粗略或详细的划分方式，本书综合参考多个文献（近藤精一，2006；苏现波等，2008；Sondergeld et al.，2010；王瑞等，2013；陈晋南，2014），划分结果如表 4.1。

表 4.1　**Knudsen 流动形式划分结果**

编号	K_n 范围	流动形式
①	$K_n < 0.001$	达西渗流
②	$0.001 < K_n < 0.01$	滑脱渗流

编号	K_n 范围	流动形式
③	$0.01 < K_n < 0.1$	Fick 扩散
④	$0.1 < K_n < 10$	过渡扩散
⑤	$K_n > 10$	Knudsen 扩散

4.1.2 不同流动形式数学模型

从表 4.1 中数据可以看出，页岩气流动形式总体上分为两类，即渗流与扩散。达西渗流在此不再赘述；滑脱渗流可以通过在达西公式中加入校正系数来考虑，在本书后文中详细论述；三种不同的扩散形式，则通过扩散系数来表征。

4.1.2.1 Fick 扩散

Fick 扩散最初是计算液体溶液中溶质的扩散规律，特别适用于球形质点或分子在稀溶液中的扩散。在页岩气储层中，孔隙中气体处于超临界状态性质与液体有相似之处，当孔隙直径在一定范围时，忽略分子流通孔隙壁面的碰撞（陈晋南，2014）。扩散系数如式（4.2）。

$$D_{\text{Fick}} = \frac{k_B T}{6\pi \mu r_a} \times 10^{12} \tag{4.2}$$

式中，D_{Fick} 为 Fick 扩散系数，m^2/s；μ 为流体黏度，$mPa \cdot s$；r_a 为分子半径，常数，0.191nm（Sondergeld，2010）。

4.1.2.2 Knudsen 扩散

当孔隙直径与分子直径相似时，发生的扩散形式为 Knudsen 扩散，根据分子动力学理论（陈晋南，2014）得到其扩散系数如下：

$$D_{\text{Knusden}} = \frac{2r}{3}\left(\frac{8RT}{\pi M}\right)^{0.5} \times 10^{-9} \tag{4.3}$$

式中，D_{Knusden} 为 Knudsen 扩散系数，m^2/s；M 为气体分子摩尔质量，kg/mol；r 为孔隙半径，nm。

4.1.2.3 过渡扩散

过渡区域的扩散系数由 Bosanquit 公式计算（陈晋南，2014），如式（4.4）：

$$\frac{1}{D_{\text{transition}}} = \frac{1}{D_{\text{Knusden}}} + \frac{1}{D_{\text{Fick}}} \tag{4.4}$$

式中，$D_{\text{transition}}$ 为过渡扩散系数，m^2/s。

4.2 页岩气藏基质渗流规律

气藏渗透率是表征气体渗流能力的关键参数，其应用非常广泛，然而在页岩气储层渗透率研究方面，达西渗流理论并不完全适用（赵立翠等，2013），具体原因，包括以下两个方面：①页岩气储层中气体的赋存状态以吸附态为主，吸附态气体在一定时间内不参与流动，使得原本就很小的纳米级孔隙变得更小；②气体流通通道直径达到纳米级，分子作用明显，流动形式复杂，不能简单用达西定律描述。因此，为表征页岩气储层基质渗透性，可以依据吸附理论计算吸附层厚度与温度、压力的关系，进一步计算得到储层条件下气体流通的有效孔道直径，利用表观渗透率的研究方法，得到考虑多种流动形式共存情况下的基质气体流动规律，为后文的水平井高能气体压裂裂缝数学模型提供基础。

4.2.1 气体吸附厚度计算

4.2.1.1 有效孔隙半径

气体流通孔道半径的大小在一定程度上决定着气体流动的能力，就页岩气储层存在大量纳米级孔道的情况来看，气体分子的吸附对纳米级气体流通孔隙具有较大影响，因此，有效孔隙半径可视为由原始孔道半径减去气体吸附厚度获得，如式（4.5）：

$$r_e = r_i - h_{add}, \quad h_{add} = \frac{V_{add}}{S} \times 10^9 \qquad (4.5)$$

式中，V_{add} 为储层条件吸附气体体积，m^3/kg；h_{add} 为吸附层厚度，nm；r_e 为有效纳米级孔隙半径，nm；r_i 为原始纳米级孔隙半径，nm；S 为质量比表面积，m^2/kg。

4.2.1.2 吸附气体体积

甲烷的临界温度 $T_c = 190.6K$，临界压力 $p_c = 4.62MPa$（苏现波等，2008），储层的实际压力和温度都超过临界值，属于超临界的吸附状态，因此，对于 V_{add} 的计算，不能使用常用的气体状态方程方法，利用质量守恒，可以将地面条件下解吸气体体积转化为地下吸附体积：

$$V_{add} = \frac{V_{st}\rho_{st}}{\rho_{add}} \qquad (4.6)$$

式中，V_{st} 为地面标准状态解吸气体体积，m^3/kg；ρ_{st} 为地面标准状态气体密度，常数 $0.714kg/m^3$；ρ_{add} 为储层吸附状态气体密度，kg/m^3。

对于超临界状态下 ρ_{add} 的计算，目前主要有两种认识。

一种是 Ozawa 等（1976）提出经验公式：

$$\rho_{add} = \frac{8p_c}{RT_c}M \tag{4.7}$$

式中，M 为气体分子量，kg/mol；R 为气体常数，8.314J/(mol·K)。

计算可得 $\rho_{add} = 0.361 \times 10^3 \text{kg/m}^3$。

另一种是周理等（2000）通过处理实验数据提出超临界条件下，吸附态甲烷的密度处于临界密度（$0.162 \times 10^3 \text{kg/m}^3$）到常压沸点液体甲烷密度（$0.425 \times 10^3 \text{kg/m}^3$）之间，超过一定温度压力条件时，其值收敛于 $0.35 \times 10^3 \text{kg/m}^3$。

两种方法计算结果区别不大，本书选择周理等人得出的实验值 $0.35 \times 10^3 \text{kg/m}^3$，由此可以得到式（4.8）。

$$V_{add} = 2.04 \times 10^{-3} \times V_{st} \tag{4.8}$$

利用式（4.8）可以将一般等温吸附方程中标准状态解吸气体体积转化为吸附状态体积，进一步代入式（4.5）即可以得到吸附层厚度。根据 Langmuir 等温吸附方程式、Polanyi 吸附特性方程式、FHH 吸附特性方程式，经过上述推导过程可以分别得到吸附厚度表达式，具体推导结果如下：

1. Langmuir 吸附厚度计算方法

Langmuir 等温吸附方程参数 V_m 与 p_L 可以通过解吸实验获得，结合式（4.5）、式（4.8）和 Kazemi（Heinemann and Mittermeir，2012）提出的二维形状因子可以得到根据 Langmuir 方法计算的吸附层厚度为

$$h_{add,L} = \frac{2.04 \times V_m p}{S(p_L + p)} \times 10^6 \tag{4.9}$$

2. Polanyi 吸附厚度计算方法

吸附质饱和蒸气压 p_0 与温度相关，随着温度的升高而逐渐增大，根据 Dubinin 理论（近藤精一，2006），$p_0/p_c = (T/T_c)^2$，其中 p_c、T_c 分别为临界压力（MPa）和临界温度（K），结合 Polanyi 吸附理论可以得到：

$$\varepsilon = RT\ln\left[\frac{p_c}{p}\left(\frac{T}{T_c}\right)^2\right] \tag{4.10}$$

又 Polanyi 吸附理论认为吸附势与吸附相体积存在自然对数关系，并且其关系曲线并不受温度影响，表达式为

$$\varepsilon = A\ln V_{add} + B \tag{4.11}$$

式中，A、B 为常数，根据页岩气储层岩样 Polanyi 吸附特性曲线关系拟合获得。

可以根据不同压力、温度计算甲烷在相应状态下的吸附势，并根据等温解吸实验获得气体吸附量，并转化为储层条件吸附状态体积，拟合得到 Polanyi 吸附特性曲线。

结合式（4.10）、式（4.11），可得

$$V_{\text{add}} = e^{\frac{RT}{A}\ln\left[\frac{p_c}{p}\left(\frac{T}{T_c}\right)^2\right] - \frac{B}{A}} \tag{4.12}$$

再结合式 (4.5)、式 (4.12) 可以得到根据 Polanyi 吸附方程计算的吸附层厚度为

$$h_{\text{add}, P} = \frac{e^{\frac{RT}{A}\ln\left[\frac{p_c}{p}\left(\frac{T}{T_c}\right)^2\right] - \frac{B}{A}}}{S} \times 10^9 \tag{4.13}$$

3. FHH 吸附厚度计算方法

与 Polanyi 吸附厚度推导过程相似，将 $p_0 / p_c = (T/T_c)^2$ 结合 FHH 吸附理论，通过化简得

$$V_{\text{add}} = e^c \times \left\{\ln\left[\frac{p_c}{p}\left(\frac{T}{T_c}\right)^2\right]\right\}^D \tag{4.14}$$

结合式 (4.5)、式 (4.14) 可以得到根据 FHH 吸附方程计算的吸附层厚度为

$$h_{\text{add}, F} = \frac{e^c}{S}\left\{\ln\left[\frac{p_c}{p}\left(\frac{T}{T_c}\right)^2\right]\right\}^D \times 10^9 \tag{4.15}$$

4.2.2　流动区域划分方法

由于页岩储层局部纳米级孔隙压力与温度变化不大，可将某一时刻局部区域温度和压力当作常数，根据式 (4.1) 可知，孔隙直径决定 Knudsen 数从而划分了流动形式。由式 (4.1) 推导得到 Knudsen 数表示的孔隙直径，如式 (4.16)：

$$d = \frac{k_B T}{\sqrt{2} K_n \pi \delta^2 p} \times 10^{21} \tag{4.16}$$

分别计算 $K_n = 0.001$、$K_n = 0.01$、$K_n = 0.1$、$K_n = 10$ 对应的临界孔隙直径值，分别表示为：$d_{0.001}$、$d_{0.01}$、$d_{0.1}$ 和 d_{10}，则有表 4.2。

表 4.2　孔隙直径流动区域划分结果

编号	d 范围	流动形式
①	$d > d_{0.001}$	达西渗流
②	$d_{0.01} < d < d_{0.001}$	滑脱渗流
③	$d_{0.1} < d < d_{0.01}$	Fick 扩散
④	$D_{10} < d < d_{0.1}$	过渡扩散
⑤	$d < d_{10}$	Knudsen 扩散

4.2.3　气体质量通量计算方法

如前文所述，达西定律在页岩气储层基质中并不完全适用，因此考虑利用气体质量通量物理含义表示表观渗透率，Javadpour（2009）首次提出质量通量与表

观渗透率关系式，如式（4.17）：

$$J_{total} = J_A + J_D = \frac{q\rho_{avg}}{A} = \frac{k_{app}\rho_{avg}\Delta p}{\mu L} \times 10^{-3} \qquad (4.17)$$

式中，J_{total}、J_A、J_D 为分别为总体、渗流、扩散质量通量，$kg/(m^2 \cdot s)$；q 为体积流量，m^3/s；A 为孔道截面积，m^2；ρ_{avg} 为流体平均密度，kg/m^3；k_{app} 为表观渗透率，μm^2。

气体质量通量总体上可以分为气体渗流质量通量和气体扩散质量通量两类，不同类别气体质量通量表达式不同：

通过 Hagen-Poiseuille 方程计算气体达西渗流质量通量 J_A：

$$J_A = -\frac{r^2 \rho_{avg} \Delta p}{8\mu L} \times 10^{-9} \qquad (4.18)$$

通过 Roy 等（2003）提出的方法计算气体扩散质量通量 J_D：

$$J_D = -\frac{MD\Delta p}{RTL} \times 10^6 \qquad (4.19)$$

对于不同扩散形式，只需将式（4.19）中的扩散系数 D 替换为特定的扩散形式下对应的扩散系数（D_{Fick}、$D_{Knudsen}$、$D_{transition}$）。

对于滑脱现象的影响，Brown 等（1946）提出了校正系数 F，如式（4.20）：

$$F = 1 + \left(\frac{8\pi RT}{M}\right)^{0.5} \frac{\mu}{rp_{avg}}\left(\frac{2}{\alpha} - 1\right) \qquad (4.20)$$

$$J_{A,slip} = FJ_{A,e} \qquad (4.21)$$

式中，α 为切向动量协调系数，与气体类型、温度、压力、孔道壁面粗糙度相关，其值为 0~1，本书参考王瑞等（2013）的研究结果，取值为 0.5。

4.2.4 表观渗透率计算方法

本书提出利用孔隙直径，对不同流动形式的区域进行划分，并以相应孔隙直径范围在储层中的比例为权重，将不同孔径范围对应的单一流动形式的表观渗透率计入总渗透率，并综合考虑吸附气体对孔隙直径的影响，提出考虑吸附和多流动形式共存影响的页岩气储层基质表观渗透率计算方法。

4.2.4.1 单一流动形式表观渗透率

为计算单一流动形式的表观渗透率，首先需要计算单一流动形式的质量通量，滑脱渗流质量通量计算公式如式（4.21），扩散质量通量计算公式如式（4.19），针对不同扩散形式，将前文所述的 Fick 扩散系数 D_{Fick}、Knudsen 扩散系数 $D_{Knudsen}$、过渡扩散系数 $D_{transition}$ 表达式代入式（4.19）中即可。具体推导结果如下：

1. 单一滑脱流动表观渗透率

结合式（4.17）、式（4.18）、式（4.20）、式（4.21）可以得出：

$$k_{\text{app,slip}} = \frac{r^2}{8} \left[1 + \left(\frac{8\pi RT}{M} \right)^{0.5} \frac{\mu}{r p_{\text{avg}}} \left(\frac{2}{\alpha} - 1 \right) \right] \times 10^{-6} \qquad (4.22)$$

2. 单一 Fick 扩散表观渗透率

结合式（4.2）、式（4.17）、式（4.19）可以得出：

$$k_{\text{app,Fick}} = \frac{M k_{\text{B}}}{6R \pi r_{\text{a}} \rho_{\text{avg}}} \times 10^{21} \qquad (4.23)$$

3. 单一 Knudsen 扩散表观渗透率

结合式（4.3）、式（4.17）、式（4.19）可以得出：

$$k_{\text{app,Knudsen}} = \frac{4\mu r}{3\rho_{\text{avg}}} \left(\frac{2M}{\pi TR} \right)^{0.5} \qquad (4.24)$$

4. 单一过渡扩散表观渗透率

结合式（4.4）、式（4.17）、式（4.19）可以得出：

$$k_{\text{app,transition}} = \frac{1}{\rho_{\text{avg}}} \left[\frac{6\pi R r_{\text{a}}}{M k_{\text{B}}} \times 10^{-21} + \frac{3}{4\mu r} \left(\frac{\pi TR}{2M} \right)^{0.5} \right]^{-1} \qquad (4.25)$$

式中，$k_{\text{app,slip}}$、$k_{\text{app,Fick}}$、$k_{\text{app,Trancition}}$、$k_{\text{app,Knudsen}}$ 分别代表滑脱渗流、Fick 扩散、过渡扩散、Knudsen 扩散单一流动形式条件下的表观渗透率。

4.2.4.2　考虑孔隙分布的表观渗透率

压裂后页岩气储层中自储层深处至井筒处，孔隙系统有逐渐增大的总体趋势（图 4.1），根据该规律，存在的多种气体流动形式的不同尺寸范围孔隙之间存在串联关系（图 4.2）。

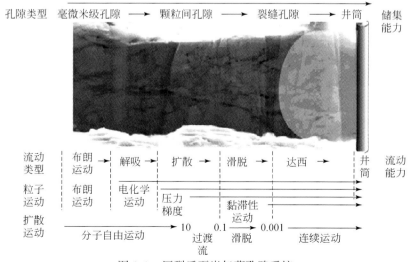

图 4.1　压裂后页岩气藏孔隙系统

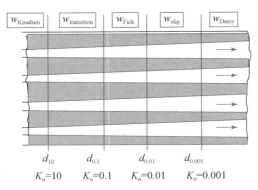

图 4.2   压裂后页岩气藏孔隙系统示意图

根据储层孔隙直径分布（图 4.3），分别统计表 4.2 中编号为①～⑤所表示范围内孔隙所占比例，假定相应比例分别为：① w_{Darcy}；② w_{slip}；③ w_{Fick}；④ $w_{transition}$；⑤ $w_{Knudsen}$。

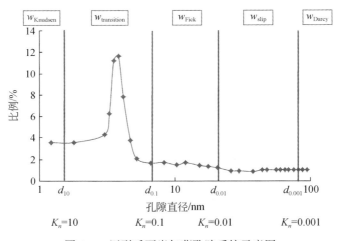

图 4.3   压裂后页岩气藏孔隙系统示意图

根据发生不同流动形式的储层孔隙串联关系，考虑多种流动形式共存的表观渗透率表达式为

$$K_{app,distr} = \cfrac{1}{\dfrac{w_{Darcy}}{k_{app,Darcy}} + \dfrac{w_{slip}}{k_{app,slip}} + \dfrac{w_{Fick}}{k_{app,Fick}} + \dfrac{w_{transition}}{k_{app,transition}} + \dfrac{w_{Knudsen}}{k_{app,Knudsen}}} \tag{4.26}$$

4.2.4.3   考虑吸附影响及孔隙大小分布的表观渗透率

页岩气储层中由于吸附气体的存在，有效孔隙直径有所减小，因此在计算有

效孔道半径和流动形式临界孔道半径时，需要考虑吸附层厚度。考虑吸附影响及多流动形式共存的表观渗透率主要计算步骤如下：

（1）计算吸附层厚度 h 及气体有效流通孔道直径；

（2）根据储层温度 T、压力 P 计算划分不同流动形式临界孔道直径，$d_{0.001}$、$d_{0.01}$、$d_{0.1}$ 和 d_{10}；

（3）$d_{0.001}$、$d_{0.01}$、$d_{0.1}$ 和 d_{10} 分别与 $2h$ 相加，得到考虑吸附气体存在时的实际流动形式临界孔道直径，$d_{0.001,e}$、$d_{0.01,e}$、$d_{0.1,e}$ 和 $d_{10,e}$，并根据有效孔隙分曲线计算不同孔隙直径范围所占比重 w_{Darcy}、w_{slip}、w_{Fick}、$w_{transition}$、$w_{Knudsen}$；

（4）计算单一流动形式的表观渗透率；

（5）将步骤（3）、（4）的计算结果代入式（4.25）得到考虑吸附影响及多流动形式共存的表观渗透率 K_{app}。

4.3　水平井高能气体压裂裂缝网络渗流模型

4.3.1　水平井高能气体压裂裂缝渗流物理模型

页岩气储层水平井压裂一般采用分段多簇压裂，对于高能气体压裂工艺施工井来说，需要将液体火药注入地层后进一步点燃，并进行多级压裂。假设水平井单段分 3 簇压裂，每簇进行 3 次点燃多级压裂。本书所研究的模型由于计算机计算能力限制，只选择二维平面内以水平井为对称轴的一半储层区域中，压裂井段长为 100m、宽为 60m 的储层作为研究对象，其中人工压裂改造区域长度为 80m，宽度为 30m。所建立的二维水平井高能气体压裂裂缝渗流物理模型如图 4.4 所示。

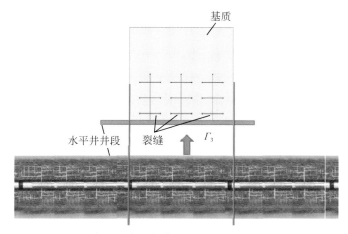

图 4.4　水平井高能气体压裂裂缝渗流物理模型图

4.3.2 双孔双渗数学模型建立

在高能气体压裂裂缝区域中，裂缝密度较大、数量多、长度较小，相比于双孔双渗模型在水力压裂裂缝中的应用情况，高能气体压裂裂缝网络的双孔双渗模型中关键参数形状因子 α 值较大。

4.3.2.1 几何模型

根据水平井高能气体压裂裂缝渗流物理模型，构建双孔双渗几何模型（图4.5）。

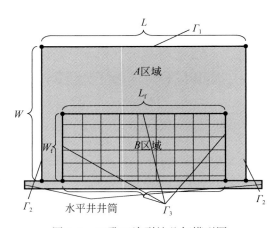

图4.5 双孔双渗裂缝几何模型图

图4.5中，A 区域为纯基质区域，B 区域为裂缝区域；L 表示水平井井段单段长度，L_f 表示裂缝区域长度；W 表示研究区域宽度，W_f 表示裂缝区域宽度。

4.3.2.2 模型假设条件

建立数学模型时，作如下基本假设：

（1）页岩气储层存在两个区域，即纯基质区域和裂缝区域；

（2）气体由远井端储层基质运移至裂缝区域，在裂缝区域内气体在基质与裂缝内同时参与流动，在基质与基质、基质与裂缝、裂缝与裂缝之间存在流动，气体通过裂缝与基质都可以进入井筒；

（3）气体存在多种流动形式可能性，基质气体流动规律可以利用表观渗透率表征，裂缝在储层中分布均匀，裂缝内气体流动符合达西定律；

（4）页岩气储层微可压缩，压缩系数不随时间变化，储层中流体仅包含气体，气体可压缩，气体流动过程等温；

（5）忽略页岩气藏中的游离气与溶解气，气体以吸附状态存在于储层基质孔隙中，裂缝中不存在吸附气体；

（6）气体吸附规律符合 Langmuir 等温吸附方程；

（7）在储层条件下气体黏度为常数；

（8）气体渗流过程中不考虑重力和毛管压力的影响；

（9）忽略油井完善性影响。

4.3.2.3　模型构成

1. 运动方程

裂缝系统：
$$v_f = -\frac{K_f}{\mu}\mathrm{grad}\, p_f \tag{4.27}$$

基质系统：
$$v_m = -\frac{K_m}{\mu}\mathrm{grad}\, p_m \tag{4.28}$$

式中，v_f 为裂缝系统内渗流速度，cm/s；v_m 为基质系统渗流速度，cm/s；K_f 为裂缝系统渗透率，μm^2；K_m 为基质系统渗透率，μm^2，基质渗透率利用前文所述的基质表观渗透率表达式代替；μ 为流体黏度，mPa·s；p_f 为裂缝系统压力，MPa；p_m 为基质系统压力，MPa。

2. 窜流方程

裂缝内气体流动快，基质内气体流动慢，因此，在基质与裂缝之间存在压力差，基质与裂缝之间存在气体交换，由于这种气体交换是缓慢的，因此可以将其视为稳定过程。单位时间内从基质排至裂缝中的流体质量与以下因素有关（程林松，2011）：①流体黏度；②基质与裂缝之间的压力差；③基质块的长度、面积、体积等；④基质的渗透率。因此窜流速度 q 为

$$q = \frac{\alpha\rho K_m}{\mu}(p_m - p_f) \tag{4.29}$$

式中，q 为单位时间单位岩石体积流出的流体质量，kg/（m³·s）；ρ 为气体密度，kg/m³；α 为形状因子，m⁻²。

形状因子 α 与基质岩块大小和正交裂缝数量有关，岩块越小，裂缝密度越大，形状因子 α 越大，同等条件下窜流越快。不同学者提出形状因子 α 表达式不同。

Warren-Root 提出的 α 表达式（Uba et al.，2007）为

$$\alpha = \frac{4n(n+2)}{L^2} \tag{4.30}$$

式中，n 为正交裂缝组数，整数；L 为岩块的特征长度，m。

Kazemi 提出的 α 表达式（Heinemann and Mittermeir，2012）为

$$\alpha = 4\left(\frac{1}{L_x^2} + \frac{1}{L_y^2}\right) \tag{4.31}$$

式中，L_x，L_y为基质岩块在 x，y 方向上的长度，m。

本书中构建的二维几何模型与 Kazemi 模型相似，因此选择该方法计算形状因子。

3. 状态方程

1）固体状态方程

裂缝孔隙压缩性质状态方程为

$$\phi_f = \phi_{f0} + C_f(p_f - p_i) \tag{4.32}$$

基质孔隙压缩性质状态方程为

$$\phi_m = \phi_{m0} + C_m(p_m - p_i) \tag{4.33}$$

式中，ϕ_{f0}、ϕ_{m0}为裂缝系统、基质系统的初始孔隙度，小数。

2）气体状态方程

流动气体状态方程为

$$\frac{p}{\rho} = \frac{RTZ}{M} \tag{4.34}$$

解吸气体状态方程为

$$V_E = V_m \frac{p}{p_L + p} \tag{4.35}$$

式中，V_E为吸附量，cm^3/g；V_m为 Langmuir 吸附常数（或极限吸附量），cm^3/g；p_L为 Langmuir 压力常数，MPa；p 为气体压力，MPa。

4. 连续性方程

裂缝系统连续性方程为

$$\frac{\partial}{\partial t}(\phi_f\rho) + \text{div}(\rho v_f) - q = 0 \tag{4.36}$$

基质系统连续性方程为

$$\frac{\partial}{\partial t}(\phi_m\rho + \rho_s V_E) + \text{div}(\rho v_m) + q = 0 \tag{4.37}$$

式中，ρ_s为标准状态下气体密度，基质系统连续性方程中加入了 $\rho_s V_E$ 项为单位体积页岩气储层基质的气体解吸量。

5. 渗流微分方程

1）裂缝渗流微分方程推导

将运动方程、状态方程代入连续性方程，由于：

$$\phi_f\rho_g = [\phi_{f0} + C_f(p_f - p_i)] \times \frac{p_f M}{RTZ} = \frac{M}{RT} \cdot \frac{p_f}{Z}[\phi_{f0} + C_f(p_f - p_i)] \tag{4.38}$$

其中 Z 是 p_f 的函数，p_f 是 t 的函数，并且

$$\frac{\partial}{\partial t}\left(\frac{p_f}{Z}\right) = \left(\frac{1}{Z} - \frac{p_f}{Z^2}\frac{\partial Z}{\partial p_f}\right)\frac{\partial p_f}{\partial t} \tag{4.39}$$

所以

$$\frac{\partial(\phi_f \rho_g)}{\partial t} = \frac{M}{RT}\left\{\left(\frac{1}{Z} - \frac{p_f}{Z^2}\frac{\partial Z}{\partial p_f}\right)\left[\phi_{f0} + C_f(p_f - p_i)\right] + \frac{C_f p_f}{Z}\right\}\frac{\partial p_f}{\partial t} \tag{4.40}$$

定义裂缝内气体压缩系数：

$$C_{gf} = \frac{1}{p_f} - \frac{1}{Z}\frac{\partial Z}{\partial p_f} \tag{4.41}$$

由于 C_{gf} 与 C_f 的值都很小，因此忽略 C_{gf}、C_f，从而

$$\frac{\partial(\phi_f \rho_g)}{\partial t} = \frac{M}{RT}\left(\phi_{f0} C_{gf}\frac{p_f}{Z} + \frac{C_f p_f}{Z}\right)\frac{\partial p_f}{\partial t} \tag{4.42}$$

同理

$$\frac{\partial(\phi_m \rho_g)}{\partial t} = \frac{M}{RT}\left(\phi_{m0} C_{gm}\frac{p_m}{Z} + \frac{C_m p_m}{Z}\right)\frac{\partial p_m}{\partial t} \tag{4.43}$$

可以得到裂缝内气体渗流微分方程为

$$\nabla\left(\frac{p_f}{Z}\frac{K_f}{\mu}\nabla p_f\right) + \frac{RT}{M}q = \phi_{f0}\left(C_{gf} + \frac{C_f}{\phi_{f0}}\right)\frac{p_f}{Z}\frac{\partial p_f}{\partial t} \tag{4.44}$$

定义裂缝系统综合压缩系数：

$$C_{tf} = C_{gf} + \frac{C_f}{\phi_{f0}} \tag{4.45}$$

则裂缝内气体渗流微分方程可表示为

$$\nabla\left(\frac{p_f}{Z}\frac{K_f}{\mu}\nabla p_f\right) + \frac{RT}{M}q = \phi_{f0} C_{tf}\frac{p_f}{Z}\frac{\partial p_f}{\partial t} \tag{4.46}$$

2）基质渗流微分方程推导

由式（4.43）同理得到：

$$\frac{\partial(\phi_m \rho_g)}{\partial t} = \frac{M}{RT}\left(\phi_{m0} C_{gm}\frac{p_m}{Z} + \frac{C_m p_m}{Z}\right)\frac{\partial p_m}{\partial t} \tag{4.47}$$

另外有

$$\frac{\partial(\rho_s V_E)}{\partial t} = \frac{\rho_s V_L p_L}{(p_L + p_m)^2}\frac{\partial p_m}{\partial t} \tag{4.48}$$

则：

$$\frac{\partial(\phi_m \rho_g + \rho_s V_E)}{\partial t} = \frac{M}{RT}\phi_{m0}\frac{p_m}{Z}\left(C_{gm} + \frac{C_m}{\phi_{m0}} + \frac{\rho_s V_L p_L}{\phi_{m0}\rho_{gm}(p_L + p_m)^2}\right)\frac{\partial p_m}{\partial t} \tag{4.49}$$

定义考虑吸附的基质综合压缩系数：

$$C_{tm} = C_{gm} + \frac{C_m}{\phi_{m0}} + \frac{\rho_s V_L p_L}{\phi_{m0}\rho_{gm}(p_L + p_m)^2} \tag{4.50}$$

则基质内气体渗流微分方程可以表示为

$$\nabla\left(\frac{p_\mathrm{m}}{Z}\frac{K_\mathrm{m}}{\mu}\nabla p_\mathrm{m}\right) - \frac{RT}{M}q = \phi_\mathrm{m0}C_\mathrm{tm}\frac{p_\mathrm{m}}{Z}\frac{\partial p_\mathrm{m}}{\partial t} \tag{4.51}$$

3）渗流微分方程

裂缝内气体渗流微分方程：

$$\nabla\left(\frac{p_\mathrm{f}}{Z}\frac{K_\mathrm{f}}{\mu}\nabla p_\mathrm{f}\right) + \frac{RT}{M}q = \phi_\mathrm{f0}C_\mathrm{tf}\frac{p_\mathrm{f}}{Z}\frac{\partial p_\mathrm{f}}{\partial t} \tag{4.52}$$

基质内气体渗流微分方程：

$$\nabla\left(\frac{p_\mathrm{m}}{Z}\frac{K_\mathrm{m}}{\mu}\nabla p_\mathrm{m}\right) - \frac{RT}{M}q = \phi_\mathrm{m0}C_\mathrm{tm}\frac{p_\mathrm{m}}{Z}\frac{\partial p_\mathrm{m}}{\partial t} \tag{4.53}$$

其中各个系数表达式为：$C_\mathrm{tf} = C_\mathrm{gf} + \dfrac{C_\mathrm{f}}{\phi_\mathrm{f0}}$，$C_\mathrm{tm} = C_\mathrm{gm} + \dfrac{C_\mathrm{m}}{\phi_\mathrm{m0}} + \dfrac{\rho_\mathrm{s}V_\mathrm{L}p_\mathrm{L}}{\phi_\mathrm{m0}\rho_\mathrm{gm}\left(p_\mathrm{L}+p_\mathrm{m}\right)^2}$，

$C_\mathrm{gf} = \dfrac{1}{p_\mathrm{f}} - \dfrac{1}{Z}\dfrac{\partial Z}{\partial p_\mathrm{f}}$，$C_\mathrm{gm} = \dfrac{1}{p_\mathrm{m}} - \dfrac{1}{Z}\dfrac{\partial Z}{\partial p_\mathrm{m}}$，$q = \dfrac{\alpha\rho K_\mathrm{m}}{\mu}(p_\mathrm{m} - p_\mathrm{f})$，$\alpha = 4\left(\dfrac{1}{L_x^2} + \dfrac{1}{L_y^2}\right)$。

6．参数分析及方程化简

从建立的数学模型中的方程构成来看，其中的参数 Z、C_tf、C_m、μ、ρ 都是压力（p_m或p_f）的函数，为方便数学模型求解，将方程利用拟压力表示。

定义拟压力：

$$\psi_\mathrm{m} = 2\int_0^{p_\mathrm{m}}\frac{p}{\mu Z}\mathrm{d}p，\psi_\mathrm{f} = 2\int_0^{p_\mathrm{f}}\frac{p}{\mu Z}\mathrm{d}p$$

则有

$$\nabla\psi_\mathrm{m} = \frac{2p_\mathrm{m}}{\mu Z}\nabla p_\mathrm{m}，\frac{\partial\psi_\mathrm{m}}{\partial t} = \frac{2p_\mathrm{m}}{\mu Z}\frac{\partial p}{\partial t}，\nabla\psi_\mathrm{f} = \frac{2p_\mathrm{f}}{\mu Z}\nabla p_\mathrm{f}，\frac{\partial\psi_\mathrm{f}}{\partial t} = \frac{2p_\mathrm{f}}{\mu Z}\frac{\partial p}{\partial t}。$$

利用拟压力所表示的渗流微分方程如下：

拟压力表示的裂缝内气体渗流微分方程：

$$\nabla(K_\mathrm{f}\nabla\psi_\mathrm{f}) + \frac{\alpha K_\mathrm{m}}{2}(\psi_\mathrm{m} - \psi_\mathrm{f}) = \phi_\mathrm{f0}C_\mathrm{tf}\mu\frac{\partial\psi_\mathrm{f}}{\partial t} \tag{4.54}$$

拟压力表示的基质内气体渗流微分方程：

$$\nabla(K_\mathrm{m}\nabla\psi_\mathrm{m}) - \frac{\alpha K_\mathrm{m}}{2}(\psi_\mathrm{m} - \psi_\mathrm{f}) = \phi_\mathrm{m0}C_\mathrm{tm}\mu\frac{\partial\psi_\mathrm{m}}{\partial t} \tag{4.55}$$

然而方程中仍然存在压力影响的 C_tf、C_tm、μ 参数为方程求解带来不便，为此进一步引入导压系数，如式（4.56）和式（4.55）：

裂缝导压系数为

$$\eta_\mathrm{f}(\psi_\mathrm{f}) = K_\mathrm{f}/(\phi_\mathrm{f0}C_\mathrm{tf}\mu) \tag{4.56}$$

基质导压系数为

$$\eta_{\mathrm{m}}(\psi_{\mathrm{m}}) = K_{\mathrm{m}}/(\phi_{\mathrm{m0}}C_{\mathrm{tm}}\mu) \tag{4.57}$$

则渗流微分方程可化简为

裂缝内气体渗流微分方程：

$$\Delta\psi_{\mathrm{f}} + \frac{\alpha K_{\mathrm{m}}}{2K_{\mathrm{f}}}(\psi_{\mathrm{m}} - \psi_{\mathrm{f}}) = \frac{1}{\eta_{\mathrm{f}}(\psi_{\mathrm{f}})}\frac{\partial\psi_{\mathrm{f}}}{\partial t} \tag{4.58}$$

基质内气体渗流微分方程：

$$\Delta\psi_{\mathrm{m}} - \frac{\alpha}{2}(\psi_{\mathrm{m}} - \psi_{\mathrm{f}}) = \frac{1}{\eta_{m}(\psi_{\mathrm{m}})}\frac{\partial\psi_{\mathrm{m}}}{\partial t} \tag{4.59}$$

由上述方程可以看出，方程内除导压系数外，其余参数都为常数，而当研究的储层对象确定时，导压系数随拟压力的变化规律是一定的，因此，可以通过基本数据拟合得到由拟压力表示的导压系数具体的方程表达式，将方程简化为只含有 $\varPsi_{\mathrm{m}}$、$\varPsi_{\mathrm{f}}$ 两个未知数的方程组，为方程求解提供了便利。

4.3.2.4　边界条件和初始条件

根据生产实际情况和所建立的物理模型，设定外边界条件为定压力条件，内边界为定流量边界。

1. 外边界（定压边界）

在远井、储层深处由于基质源源不断地解吸气体的补充，其压力可以保持储层原始压力。定压边界条件也称为第一类边界条件或者 Dirichlet 边界条件（李淑霞和谷建伟，2009），即在外边界 $\varGamma_1$（图 4.5）上，每一点在每一时刻的压力是一定的，用数学表达式表示为

$$p(x, y, t)|_{\varGamma_1} = p_0(x, y, t), (x, y) \in \varGamma_1 \tag{4.60}$$

用拟压力表示：

$$\psi_{\mathrm{m}}(x, y, t)|_{\varGamma_1} = \psi_0(x, y, t), (x, y) \in \varGamma_1 \tag{4.61}$$

2. 内边界（定流量边界）

在压裂段的分界处流量为零，水平井以定产量生产。定流量边界也称为第二类边界条件或者 Neumann 边界条件（李淑霞和谷建伟，2009），包含封闭边界［即没有流量在水平压裂段分界处边界 $\varGamma_2$（图 4.5）上通过］和定产量边界［即水平井井段边界 $\varGamma_3$（图 4.5）流量恒定］，本书采用的定产量边界和封闭边界数学表达式表示为

$$\frac{\partial p(x, y, t)}{\partial n}\Big|_{\varGamma_2} = 0, (x, y) \in \varGamma_2 \tag{4.62}$$

$$Q|_{\varGamma_3} = (Q_{\mathrm{f}} + Q_{\mathrm{m}})|_{\varGamma_3} = c, (x, y) \in \varGamma_3 \tag{4.63}$$

式中，n 为边界的外法线方向，上式表示 $\varGamma_2$ 边界上压力在外法线方向上的导数，该导数值恒等于零，表示边界与边界相邻的网格压力相等，即不发生物质交换，

为封闭边界；Γ_3（图 4.5）为水平井井段边界，产量为常数。

封闭边界可以用拟压力表示：

$$\frac{\partial \psi(x,\ y,\ t)}{\partial n}\Big|_{\Gamma_2} = 0,\ (x,\ y) \in \Gamma_2 \tag{4.64}$$

对于定产量边界，$Q = \frac{KA}{\mu} \times \frac{\partial p}{\partial L}$，根据拟压力与真实压力之间的关系：$\nabla \psi = \frac{2p}{\mu Z} \nabla p$，可以得到：

$$Q = \frac{KA}{\mu}\frac{\mu Z}{2p}\frac{\partial \psi}{\partial L} \tag{4.65}$$

所以定产量边界可以表示为

$$\frac{\partial \psi}{\partial n}\Big|_{\Gamma_3} = Q\frac{\mu}{KA}\frac{2p}{\mu Z} = c,\ (x,\ y) \in \Gamma_3 \tag{4.66}$$

3. 初始条件

储层未开发时，设定储层中的压力状态为原始压力，则：

$$\psi_m(x,\ y,\ t=0) = \psi_f(x,\ y,\ t=0) = \psi_0(x,\ y,\ t=0) \tag{4.67}$$

4.3.3　离散裂缝网络模型建立

4.3.3.1　几何模型

根据水平井高能气体压裂裂缝渗流物理模型，构建离散裂缝几何模型，如图 4.6 所示。

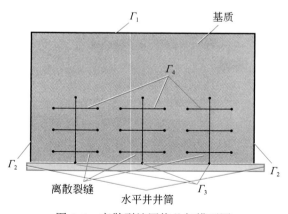

图 4.6　离散裂缝网络几何模型图

4.3.3.2　模型假设条件

建立数学模型时，作如下基本假设：

（1）页岩气储层中存在基质与裂缝两类气体流通通道，裂缝不连续，为离散裂缝；

（2）气体由远井端储层运移至裂缝区域，在裂缝区域内气体在基质与基质、基质与裂缝、裂缝与裂缝之间流动，最后进入裂缝流入井筒，忽略由基质直接进入井筒的气体；

（3）气体存在多种流动形式可能性，基质气体流动规律可以利用表观渗透率表征，裂缝内气体流动符合达西流动；

（4）页岩气储层微可压缩，压缩系数不随时间变化，储层中流体仅包含气体，气体可压缩，气体流动过程等温；

（5）忽略页岩气藏中的游离气与溶解气，气体以吸附状态存在于储层基质孔隙中，裂缝中不存在吸附气体；

（6）气体吸附符合 Langmuir 等温吸附方程；

（7）气体黏度在储层条件下为常数；

（8）气体流动过程中不考虑重力和毛管压力的影响；

（9）忽略油井完善性影响。

4.3.3.3　模型构成

离散裂缝网络气体渗流模型中，气体的运动方程和状态方程与双孔双渗模型相同（但模型中不包含窜流方程），在此不再赘述，在这里只写出连续性方程。

基质系统连续性方程为

$$\frac{\partial}{\partial t}(\phi_m \rho + \rho_s V_E) + \mathrm{div}(\rho v_m) = 0 \qquad (4.68)$$

式中，ρ_s 为标准状态下气体密度。

裂缝系统连续性方程为

$$\frac{\partial}{\partial t}(\phi_f \rho) + \mathrm{div}(\rho v_f) = 0 \qquad (4.69)$$

将状态方程、运动方程代入连续性方程。具体推导过程与双孔双渗模型推导过程相似，则渗流微分方程可表示为如下：

裂缝内：

$$\nabla(\nabla \psi_f) = \frac{1}{\eta_f(\psi_f)} \frac{\partial \psi_f}{\partial t} \qquad (4.70)$$

基质内：

$$\Delta \psi_m = \frac{1}{\eta_m(\psi_m)} \frac{\partial \psi_m}{\partial t} \qquad (4.71)$$

其中：

$$\psi_{\mathrm{m}} = 2\int_0^{p_{\mathrm{m}}} \frac{p}{\mu Z}dp \ , \ \psi_{\mathrm{f}} = 2\int_0^{p_{\mathrm{f}}} \frac{p}{\mu Z}dp \ , \ \frac{\partial \psi_{\mathrm{m}}}{\partial t} = \frac{2p_{\mathrm{m}}}{\mu Z}\frac{\partial p}{\partial t} \ , \ \frac{\partial \psi_{\mathrm{f}}}{\partial t} = \frac{2p_{\mathrm{f}}}{\mu Z}\frac{\partial p}{\partial t} \ ,$$

$$\nabla \psi_{\mathrm{m}} = \frac{2p_{\mathrm{m}}}{\mu Z}\nabla p_{\mathrm{m}} \ , \ \nabla \psi_{\mathrm{f}} = \frac{2p_{\mathrm{f}}}{\mu Z}\nabla p_{\mathrm{f}} \ , \ \eta_{\mathrm{f}}(\psi_{\mathrm{f}}) = K_{\mathrm{f}}/(\phi_{\mathrm{f0}}C_{\mathrm{tf}}\mu) \ , \ \eta_{\mathrm{m}}(\psi_{\mathrm{m}}) = K_{\mathrm{m}}/(\phi_{\mathrm{m0}}C_{\mathrm{tm}}\mu) \ ,$$

$$C_{\mathrm{gf}} = \frac{1}{p_{\mathrm{f}}} - \frac{1}{Z}\frac{\partial Z}{\partial p_{\mathrm{f}}} \ , \ C_{\mathrm{gm}} = \frac{1}{p_{\mathrm{m}}} - \frac{1}{Z}\frac{\partial Z}{\partial p_{\mathrm{m}}} \ , \ C_{\mathrm{tf}} = C_{\mathrm{gf}} + \frac{C_{\mathrm{f}}}{\phi_{\mathrm{f0}}} \ ,$$

$$C_{\mathrm{tm}} = C_{\mathrm{gm}} + \frac{C_{\mathrm{m}}}{\phi_{\mathrm{m0}}} + \frac{\rho_{\mathrm{s}}V_{\mathrm{L}}p_{\mathrm{L}}}{\phi_{\mathrm{m0}}\rho_{\mathrm{gm}}(p_{\mathrm{L}} + p_{\mathrm{m}})^2} \ \circ$$

4.3.3.4 边界条件和初始条件

构造与双孔双渗模型相似的边界条件和初始条件。

1. 外边界条件

$$\psi_{\mathrm{m}}(x, y, t)\big|_{\Gamma_1} = \psi_0(x, y, t), \ (x, y) \in \Gamma_1 \tag{4.72}$$

2. 内边界条件

$$\frac{\partial \psi(x, y, t)}{\partial n}\big|_{\Gamma_2} = 0, \ (x, y) \in \Gamma_2 \tag{4.73}$$

$$\frac{\partial \psi}{\partial n}\Big|_{\Gamma_3} = Q\frac{\mu}{KA}\frac{2p}{\mu Z} = c, \ (x, y) \in \Gamma_3 \tag{4.74}$$

对于离散裂缝网络需要增加内边界条件,即在裂缝边界处,裂缝压力与基质压力相等并且质量守恒:

$$\psi_{\mathrm{m}}(x, y, t) = \psi_{\mathrm{f}}(x, y, t)\big|_{\Gamma_4}, \ (x, y) \in \Gamma_4 \tag{4.75}$$

$$k_{\mathrm{m}} \cdot \frac{\partial \psi_{\mathrm{m}}}{\partial N}\Big|_{\Gamma_4} = k_{\mathrm{f}} \cdot \frac{\partial \psi_f}{\partial n}\Big|_{\Gamma_4}, \ (x, y) \in \Gamma_4 \tag{4.76}$$

3. 初始条件

$$\psi_{\mathrm{m}}(x, y, t=0) = \psi_{\mathrm{f}}(x, y, t=0) = \psi_0(x, y, t=0) \tag{4.77}$$

4.4 模型求解及参数分析

详细调研文献中我国首个页岩气开发区块——川南地区龙马溪组页岩样品实验数据和生产数据(郭为等,2012,2013;辜敏等,2012;黄金亮等,2012;王瑞等,2013),对前文中吸附厚度算法、页岩气储层基质表观渗透率算法以及建立的双孔双渗模型和离散裂缝网络模型进行实例计算,确定储层压力分布及变化规律,并对计算结果进行分析,量化各个因素对气井生产的影响。

4.4.1　基本参数整理

4.4.1.1　储层及气体基本参数

计算过程中会利用到的储层参数及气体参数总结如表 4.3，数据来源于我国首个页岩开发区块——川南地区龙马溪组页岩样品实验数据和生产数据。

表 4.3　计算参数整理

符号	值	参数	单位
T_c	45	储层温度	℃
P_0	30	储层压力	MPa
C_f	0.00025	裂缝压缩系数	MPa^{-1}
C_m	0.0003	基质压缩系数	MPa^{-1}
ϕ_f	0.003	裂缝孔隙度	1
ϕ_m	0.05	基质孔隙度	1
μ_{sg}	0.022	标准状态气体黏度	mPa·s
P_{sg}	0.714	标准状态气体密度	kg/m^3
K_f	1	裂缝渗透率	mD
W_f	0.0003	裂缝宽度	m
L_f	30	裂缝长度	m
a	0.32	储层形状因子	m^{-2}
Q	1000	水平井单一压裂段产量	m^3/d
H	40	储层厚度	m

4.4.1.2　吸附层厚度特性参数计算

1. Langmuir 等温吸附方程参数

根据辜敏等（2012）通过实验获得的龙马溪组页岩岩心解吸数据，可以得到不同温度下 Langmuir 等温吸附方程参数，如表 4.4 所示。

表 4.4　Langmuir 实验结果

温度/K	$V_m/(10^{-3}\,m^3/kg)$	p_L/MPa
293.15	1.61	2.21
298.15	1.49	2.16
303.15	1.38	2.07

温度/K	$V_m/(10^{-3}\,m^3/kg)$	p_L/MPa
308.15	1.3	2.8
313.15	1.25	3
318.15	1.18	2.99
323.15	1.12	2.69

2. Polanyi 吸附理论参数计算

同样利用式（4.8）将标准状态下解吸气体体积 V_m 转化为储层条件下吸附态气体体积 V_{add}，并绘制关系曲线，拟合式（4.11），如图 4.7 所示。

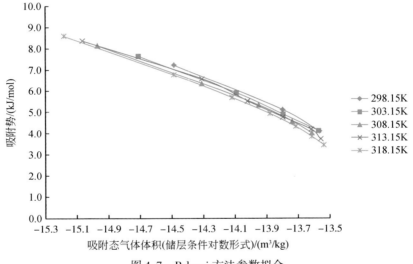

图 4.7　Polanyi 方法参数拟合

由图 4.7 中可以看出，在 298.15K 至 313.15K 下式（4.11）基本相似，符合其与温度无关的规律，拟合后取平均得到 $A = -3.74$，$B = -4.72 \times 10^4$。

3. FHH 方法参数计算

与 Polanyi 方法相似，对式（4.14）两边取对数，得 $\ln V_{add} = C + D\ln\left(\ln\dfrac{p_0}{p}\right)$，绘制曲线，见图 4.8。

由图 4.8 曲线拟合可以得到不同温度下 FHH 方法特性曲线参数 C、D 值，见表 4.5。

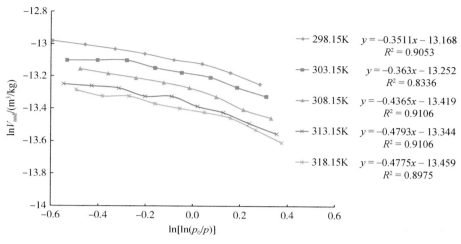

图 4.8　FHH 方法参数拟合

表 4.5　FHH 方法参数整理

温度/K	C	D	R^2
298.15	−0.351	−13.168	0.91
303.15	−0.363	−13.252	0.84
308.15	−0.437	−13.419	0.92
313.15	−0.479	−13.344	0.92
318.15	−0.478	−13.459	0.90

4.4.1.3　微分方程参变量处理

1. 真实压力与拟压力关系

根据孔祥言（2010）的研究结果，可以得到储层温度（333.15K）下对比压力与拟压力之间的关系数据，如表 4.6 所示。

表 4.6　对比压力与拟压力对应关系

对比压力	拟压力/MPa	对比压力	拟压力/MPa	对比压力	拟压力/MPa
1	0.5019	1.6	1.2645	2.2	2.3519
1.1	0.6059	1.7	1.424	2.3	2.5623
1.2	0.7192	1.8	1.5923	2.4	2.7806
1.3	0.8416	1.9	1.7695	2.5	3.0067
1.4	0.9732	2	1.9553	2.6	3.2403
1.5	1.1142	2.1	2.1495	2.7	3.4813

续表

对比压力	拟压力/MPa	对比压力	拟压力/MPa	对比压力	拟压力/MPa
2.8	3.7297	5	10.4907	9.5	27.0192
2.9	3.9851	5.5	12.2446	10	28.8797
3	4.2474	6	14.0397	10.5	32.5885
3.25	4.9299	6.5	15.8643	11	36.274
3.75	6.3944	7	17.7087	11.5	39.9223
4	7.1705	7.5	19.5644	11.75	41.7295
4.25	7.9713	8	21.4242	12	43.524
4.5	8.7933	8.5	23.2874	12.25	45.3055
4.75	9.6339	9	25.1539	12.5	47.0731

注：对比压力 $p_r = p/p_c$，$p_c = 4.62\text{MPa}$。

根据表4.6中数据绘制曲线并拟合方程如图4.9所示。

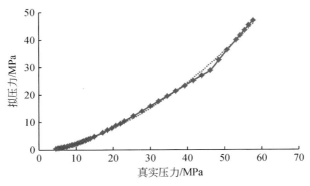

图4.9　真实压力与拟压力关系曲线

得到拟合曲线 $p = -0.0177\Psi^2 + 1.9417\Psi + 4.3029$，从而得到拟压力与真实压力之间的关系。

2. 导压系数与拟压力关系

根据导压系数表达式，计算不同压力下基质和裂缝导压系数值，计算结果见表4.7。

表4.7　拟压力与导压系数关系

拟压力 Ψ	基质导压系数 η_m	裂缝导压系数 η_f
0.6059	0.00016	858.6362
2.251	0.00079	1214.7083
4.9299	0.00203	1218.0684

拟压力 Ψ	基质导压系数 η_m	裂缝导压系数 η_f
8.2343	0.00386	1244.958
11.9267	0.00614	1274.7444
15.8643	0.00875	1307.458
19.8619	0.01162	1341.8042
23.8846	0.01475	1352.7084
27.9502	0.01816	1372.6926
34.5352	0.02189	1386.3769

根据表 4.7 中数据，拟合曲线如图 4.10 所示。

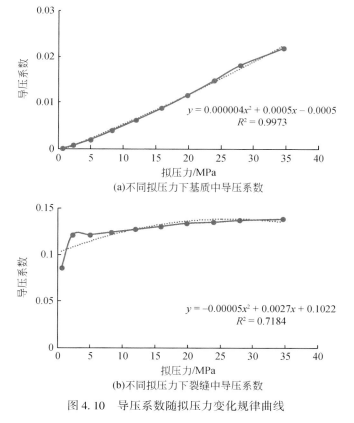

图 4.10　导压系数随拟压力变化规律曲线

因此可以得到利用拟压力表示的基质和裂缝中的导压系数，代入方程中，可以使得渗流模型偏微分方程组中只含有基质系统拟压力和裂缝系统拟压力 2 个变量。

4.4.2　吸附厚度计算及流动区域划分

4.4.2.1　吸附层厚度变化规律分析

根据前文有关吸附厚度计算公式，绘制根据不同方法计算结果随温度、压力变化曲线，如图 4.11、图 4.12、图 4.13 所示。

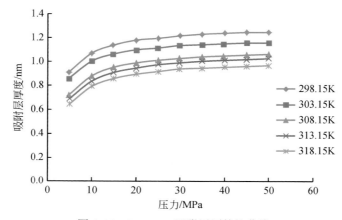

图 4.11　Langmuir 吸附层厚特性曲线

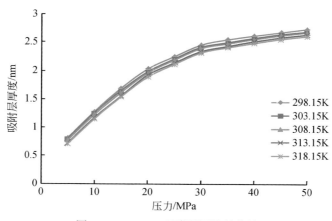

图 4.12　Polanyi 吸附层厚特性曲线

从图 4.11～图 4.13 三幅图中可以看出，利用三种不同方法所获得的吸附层厚度计算结果在一定程度上具有相似性，总体上吸附层厚度随压力的升高而增加，随温度的升高而减小。将三种方法所计算的吸附层厚度变化规律特点总结如下：

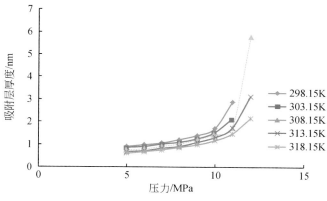

图 4.13　FHH 吸附层厚特性曲线

1. Langmuir 吸附层厚度规律

①在等温条件下，吸附层厚度随压力升高而增大，并逐渐趋于平缓，对压力变化的敏感度降低，其原因为 Langmuir 吸附理论假设吸附层为单层吸附，因此分子体积压缩存在极限值；②在相同压力下，随温度的升高，吸附层厚度逐渐减小，但温度影响有变小的趋势，以 45MPa 为例，温度从 298.15K 升高至303.15K，吸附层厚度减小 0.09nm，从 308.15K 升高至 313.15K，吸附层厚度仅减小 0.04nm。

2. Polanyi 吸附层厚度规律

由于在特性曲线中认为参数 A、B 与温度无关，因此吸附层厚度随温度无明显变化；高压下吸附层厚度可以达到 2.5nm 以上，超过 Langmuir 方法计算的最大值，分析其原因在于 Polanyi 方法假设吸附分子为多层吸附，然而需要注意的是，由于孔道直径的限制，吸附层厚度存在极限值。

3. FHH 吸附层厚规律

在压力较小的范围内（小于 10MPa）随着压力增大吸附层厚度逐渐增加，当压力超过该范围，吸附层厚度随压力升高迅速增加，出现异常值，分析其原因是FHH 吸附理论认为气体多层吸附，吸附作用力主要为范德瓦耳斯力，这种作用力随距离增加而呈指数趋势减小，因此吸附层厚度发生急剧增加；另外，参数 D值（指数位置）往往为负值，在一定温度和压力条件下，若 FHH 吸附厚度计算公式中的底数位置的参数值为负值，在计算过程会出现负数值开偶次方现象，由于以上的缺陷，该方法在特定条件并不适用，因此在本书选定的试算温度范围（298.15～318.15K）内，压力的适用范围为小于 12MPa，值得提出的是其压力的适用范围会随着温度的增加而增加。

由于页岩气储层压力一般都较大（压力一般大于 12MPa），因此 FHH 方法并不适用。就本书研究内容的计算结果而言，Langmuir 吸附厚度计算方法更加适用于本书中的低丰度储层。

4.4.2.2　流动区域划分

对流动形式临界孔隙直径影响因素敏感性分析如下：

从式（4.16）中可以得出，储层中划分流动形式的临界孔隙直径受到温度、压力的影响，在此分别计算不同温度、压力条件下气体流动形式临界孔隙直径 $d_{0.001}$、$d_{0.01}$、$d_{0.1}$ 和 d_{10}，分析其对温度、压力的敏感性，并绘制曲线如图 4.14。

从图 4.14 中可以看出：

（1）温度对不同流动形式临界孔隙直径无影响。图（a）~图（d）中，不同温度下气体流动形式临界孔隙直径值基本相同，因此在其他条件不变的情况下，小范围内温度变化（298.15~318.15K）不影响流动形式临界孔隙直径，即不会影响不同流动形式在储层中所占据的比例，而实际页岩气储层开发中通常认为储层温度变化不大，因此，温度对临界孔隙直径的影响可以忽略。

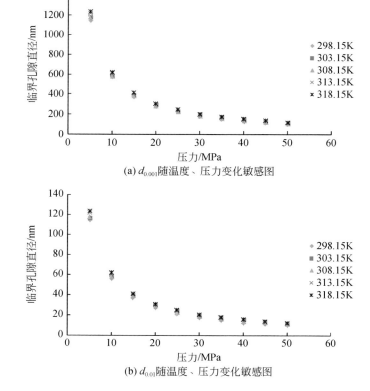

(a) $d_{0.001}$ 随温度、压力变化敏感图

(b) $d_{0.01}$ 随温度、压力变化敏感图

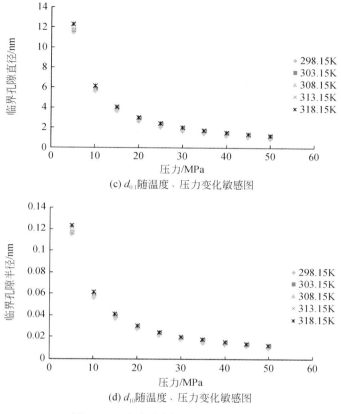

(c) $d_{0.1}$ 随温度、压力变化敏感图

(d) d_{10} 随温度、压力变化敏感图

图 4.14 流动形式划分孔隙临界直径

（2）不同范围压力对流动形式临界孔隙直径影响不同。从图（a）～图（d）可以看出，随着压力的增加，压力较小时，划分流动形式的临界孔隙直径值迅速减小，当压力增大到 25MPa 以上时，临界孔隙直径逐渐稳定。页岩气储层中由于吸附气体解吸，压力变化一般较慢，本书中所选择的算例中储层压力为 30MPa，因此临界孔隙直径基本达到稳定的状态，可以忽略压力对流动形式的影响，为求解计算提供了便利。

（3） d_{10}、$d_{0.1}$、$d_{0.01}$ 和 $d_{0.001}$ 依次对压力的敏感性逐渐增大，当压力从 25MPa 减小到 20MPa 时，$d_{0.001}$ 从 247nm 增加到 309nm，d_{10} 仅仅从 0.025nm 增加到 0.031nm。表明在页岩气储层开发过程中，压力对较大孔隙中的气体流动形式影响更大。

（4）算例中基质内不存在达西渗流。发生达西渗流的条件是在储层温度、压力下孔隙直径大于 $d_{0.001}$，而从图（a）中可以看出，$d_{0.001}$ 取值在 100nm 以上，该类孔隙在纳米级孔隙体系（$d < 100$nm）中不存在，因此，在算例中页岩气储层纳米级孔隙体系内不存在达西渗流。

（5）算例中基质内不存在 Knudsen 扩散。多种研究方法表明页岩气储层中气体分子直径最小为 0.38nm（Sondergeld et al.，2010），发生 Knudsen 扩散的条件是在储层温度、压力下孔隙直径小于 d_{10}，从图（d）中可以看出，不同条件下 d_{10} 取值都小于 0.38nm 的气体分子直径，气体分子无法进入该类孔隙。因此，算例中页岩气储层纳米级孔隙体系内不存在 Knudsen 扩散流动形式。

（6）通过（4）、（5）的内容可以知道算例中页岩气储层纳米级孔隙系统内主要存在三种气体流动形式，即滑脱渗流、Fick 扩散和过渡扩散。

根据孔隙体积比例曲线（如图 4.3），计算发生三种流动形式的不同范围的孔隙体积在总孔隙系统中所占比例，w_{slip}、w_{Fick}、$w_{\text{transition}}$，如表 4.8。

表 4.8 不同流动形式所占比例

项目	P/MPa	10	15	20	25	30	35	40	45	50
未考虑	W-slip	0.321	0.494	0.58	0.632	0.667	0.692	0.711	0.726	0.739
吸附影响	W-fick	0.487	0.365	0.348	0.316	0.292	0.273	0.258	0.247	0.237
	W-tran	0.192	0.142	0.071	0.051	0.041	0.035	0.03	0.027	0.024
Langmuir 方法考虑吸附影响	W-slip	0.314	0.487	0.573	0.624	0.659	0.684	0.703	0.718	0.73
	W-fick	0.482	0.345	0.293	0.288	0.273	0.258	0.245	0.234	0.225
	W-tran	0.204	0.169	0.135	0.088	0.067	0.058	0.052	0.048	0.044

4.4.3 表观渗透率计算及分析

4.4.3.1 表观渗透率参数计算

计算表观渗透率过程中所需要的参数计算方法整理如下：

1. 平均孔道直径

根据孔隙直径比例分布曲线，以不同直径的孔隙体积所占比例为权重，得到平均孔道直径如式（4.78）：

$$d_{\text{avg}} = \sum (w_i \times d_i) \tag{4.78}$$

式中，d_{avg} 为平均孔道直径，nm；w_i 为直径为 d_i 孔道所占比例。

计算可得龙马溪组纳米级孔隙体系平均孔道直径为 13.98nm。

2. 密度

储层条件下流动气体密度一般利用压缩因子 Z 计算，如式（4.79）：

$$\rho = \frac{PM}{ZRT} \tag{4.79}$$

根据于忠（2011）提出的算法，选择计算压缩因子 Z 误差最小的 DPR 方法，如式（4.80）：

$$Z = 1 + \left(A_1 + \frac{A_2}{T_r} + \frac{A_3}{T_r^3}\right)\rho_r + \left(A_4 + \frac{A_5}{T_r}\right)\rho_r^2 + \left(\frac{A_5 A_6}{T_r}\right)\rho_r^5$$

$$+ \left(\frac{A_7}{T_r^3}\right)\rho_r^2 (1 + A_8\rho_r^2)\exp(-A_8\rho_r^2) \qquad (4.80)$$

其中：$\rho_r = \dfrac{0.27P_r}{ZT_r}$；$P_r = \dfrac{P}{P_c}$；$T_r = \dfrac{T}{T_c}$；$A_1 = 0.3151$；$A_2 = -1.0467$；$A_3 = -0.5783$；$A_4 = 0.5353$；$A_5 = -0.6123$；$A_6 = -0.1049$；$A_7 = 0.6815$；$A_8 = 0.6845$。

3. 黏度

于忠（2011）对不同储层条件下黏度计算方法进行了对比，选择误差最小的 LGE 方法计算处于超临界状态的甲烷黏度，如式（4.81）：

$$\mu = 10^{-4}K\exp(X\rho^Y) \qquad (4.81)$$

其中：$K = \dfrac{(9.379 + 0.01607M)(1.8T)^{1.5}}{209.2 + 19.26M + 1.8T}$；$X = 3.448 + \dfrac{986.4}{1.8T} + 0.01009M$；$Y = 2.447 - 0.2224X$。

4.4.3.2　表观渗透率计算结果及分析

分别计算储层中存在的三种不同单一流动形式表观渗透率（$k_1 - k_{app,slip}$、$k_2 - k_{app,Fick}$、$k_3 - k_{app,transition}$）、考虑多流动形式共存的表观渗透率（$k_4 - k_{app,distr}$）、考虑吸附影响及多流动形式共存的表观渗透率（$k_5 - k_{app,distr,add}$），并绘制曲线如图 4.15。

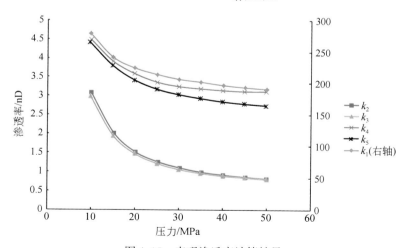

图 4.15　表观渗透率计算结果

将图 4.15 中的计算结果与黄金亮等（2012）得出的龙马溪组页岩地面条件实验数据（大于 200nD）和 Tinni 等（2012）中相似储层实验数据（不同压力下

为 $1.1 \sim 100\mathrm{nD}$）比较，因为黄金亮等（2012）的实验条件与储层条件差异过大，造成标准状态下实验室数据与计算结果出现较大偏差，分析原因是地面条件下压力较小、吸附气体解吸造成气体有效流通孔道直径变大，从而流动形式主要为滑脱渗流，因此其与滑脱渗流形式渗透率计算值相符。而本书的计算数据与 Tinni 等（2012）得出的相似区块在储层条件下实验数据较为符合。从表观渗透率随压力的变化规律来看：

（1）表观渗透率随储层压力增加而减小，主要是因为：①滑脱系数或扩散系数随压力增加而逐渐减小，气体密度逐渐增加；②在考虑吸附层的情况下，随着压力增加，吸附层厚度增加，有效流通孔道直径变小。两种原因都使得表观渗透率减小。

（2）表观渗透率受流动形式影响大，具体表现在：①单一 Fick 扩散表观渗透率与单一滑脱流动表观渗透率 $k_1 - k_{\mathrm{app,slip}}$ 相比存在两个数量级的差别；②考虑流动形式分布后，表观渗透率计算值处于合理范围。

（3）随着压力增加，吸附对气体表观渗透率影响逐渐增大。具体表现在：$k_4 - k_{\mathrm{app,distr}}$ 曲线（仅考虑多种流动形式共存）与 $k_5 - k_{\mathrm{app,distr,add}}$ 曲线（考虑气体吸附与多种流动形式共存）相比较，随着压力增加，其差别逐渐增加，在储层压力下，考虑吸附的表观渗透率值减小了 13.21%。

4.4.4　双孔双渗模型求解

4.4.4.1　模型整理

根据所建立的双孔双渗模型，可以将求解方程组整理如下：

$$\begin{cases} \Delta\psi_{\mathrm{f}} + \dfrac{\alpha K_{\mathrm{m}}}{2K_{\mathrm{f}}}(\psi_{\mathrm{m}} - \psi_{\mathrm{f}}) = \dfrac{1}{\eta_{\mathrm{f}}(\psi_{\mathrm{f}})}\dfrac{\partial\psi_{\mathrm{f}}}{\partial t} \\[2mm] \Delta\psi_{\mathrm{m}} - \dfrac{\alpha}{2}(\psi_{\mathrm{m}} - \psi_{\mathrm{f}}) = \dfrac{1}{\eta_{\mathrm{m}}(\psi_{\mathrm{m}})}\dfrac{\partial\psi_{\mathrm{m}}}{\partial t} \\[2mm] \psi_{\mathrm{m}}(x,\,y,\,t)\big|_{\Gamma_1} = \psi_0(x,\,y,\,t),\ (x,\,y) \in \Gamma_1 \\[2mm] \dfrac{\partial\psi(x,\,y,\,t)}{\partial n}\Big|_{\Gamma_2} = 0,\ (x,\,y) \in \Gamma_2 \\[2mm] \dfrac{\partial\psi}{\partial n}\Big|_{\Gamma_3} = \dfrac{\partial\psi_{\mathrm{m}}}{\partial n} + \dfrac{\partial\psi_{\mathrm{f}}}{\partial n} = c,\ (x,\,y) \in \Gamma_3 \\[2mm] \psi_{\mathrm{m}}(x,\,y,\,t=0) = \psi_{\mathrm{f}}(x,\,y,\,t=0) = \psi_0(x,\,y,\,t=0) \end{cases}$$

其中，$\eta_{\mathrm{m}}(\psi_{\mathrm{m}}) = 0.000004\psi_{\mathrm{m}}^2 + 0.0005\psi_{\mathrm{m}}^2 - 0.0005$，$\eta_{\mathrm{f}}(\psi_{\mathrm{f}}) = 0.0006\psi_{\mathrm{f}}^5 - 0.0563\psi_{\mathrm{f}}^4 + 2.0444\psi_{\mathrm{f}}^3 - 34.212\psi_{\mathrm{f}}^2 + 252.82\psi_{\mathrm{f}} + 744.27$ $\psi_0\big|_{(x,\,y,\,t=0)} = 15.86$（储层初始状态压力为 30MPa 对应的拟压力值）；

$$\frac{\partial \psi}{\partial n}\Big|_{\varGamma_3} = Q\frac{\mu}{KA}\frac{2p}{\mu Z} = c = 2800Q\frac{\mu}{KA}$$（压力大于 14MPa 时，$\frac{p}{\mu Z}$ 约为 1400，并不随压

力变化（孔祥言，2010））。

4.4.4.2　模型求解

观察模型方程可知，此方程组为二元二阶非线性偏微分方程组，利用常规方法无法获得解析解，因此选择利用 COMSOL Multiphysics 的 PDE（偏微分方程）求解模块。

求解过程中对所建立的几何模型网格化如图 4.16，三角网格数量为 11991 个。

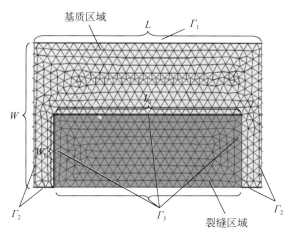

图 4.16　双孔双渗模型网格化结果

4.4.4.3　求解结果

求解可以得到双孔双渗模型不同时刻下储层压力分布（图 4.17）。

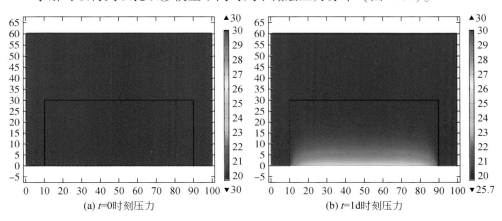

(a) t=0时刻压力　　　　　　　　　　(b) t=1d时刻压力

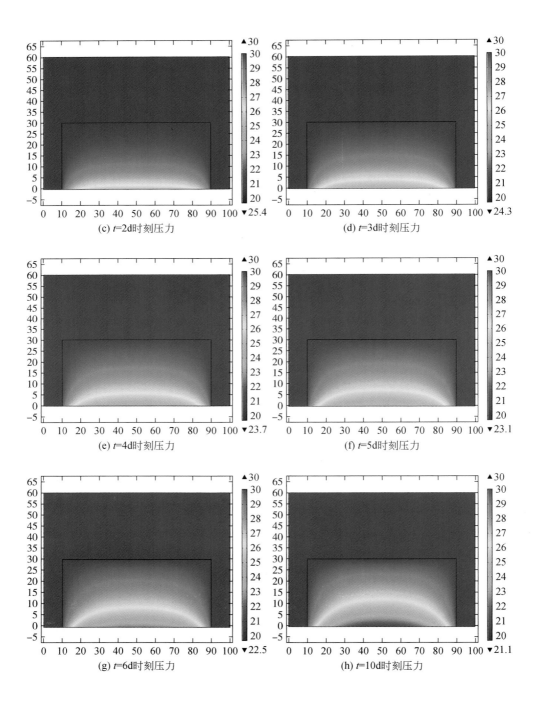

(c) *t*=2d时刻压力

(d) *t*=3d时刻压力

(e) *t*=4d时刻压力

(f) *t*=5d时刻压力

(g) *t*=6d时刻压力

(h) *t*=10d时刻压力

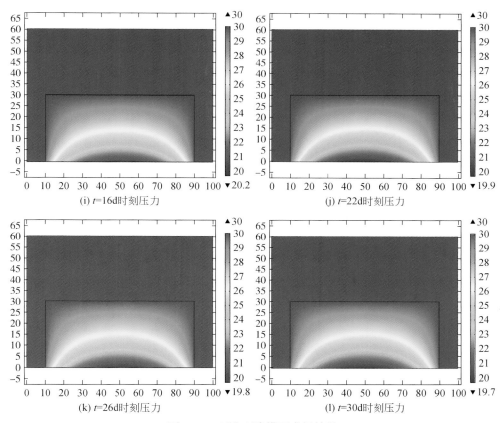

(i) $t=16d$时刻压力　　　　　　　　　(j) $t=22d$时刻压力

(k) $t=26d$时刻压力　　　　　　　　　(l) $t=30d$时刻压力

图 4.17　双孔双渗模型求解结果

4.4.5　离散裂缝模型求解

4.4.5.1　模型整理

根据所建立的离散裂缝模型，可以将求解方程整理如下：

$$\begin{cases} \nabla(\nabla\psi_f) = \dfrac{1}{\eta_f(\psi_f)}\dfrac{\partial\psi_f}{\partial t} \\[3mm] \Delta\psi_m = \dfrac{1}{\eta_m(\psi_m)}\dfrac{\partial\psi_m}{\partial t} \\[3mm] \psi_m(x,\ y,\ t)\big|_{\Gamma_1} = \psi_0(x,\ y,\ t)\,(x,\ y)\in\Gamma_1 \\[3mm] \dfrac{\partial\psi(x,\ y,\ t)}{\partial n}\big|_{\Gamma_2} = 0,\ (x,\ y)\in\Gamma_2 \end{cases}$$

$$\begin{cases} \dfrac{\partial \psi}{\partial n}\bigg|_{\varGamma_3} = Q\,\dfrac{\mu}{KA}\,\dfrac{2p}{\mu Z} = c, \quad (x,\ y) \in \varGamma_3 \\[4pt] \psi_{\mathrm m}(x,\ y,\ t) = \psi_{\mathrm f}(x,\ y,\ t)\big|_{\varGamma_4}, \quad (x,\ y) \in \varGamma_4 \\[4pt] k_{\mathrm m}\,\dfrac{\partial \psi_{\mathrm m}}{\partial n}\bigg|_{\varGamma_4} = k_{\mathrm f}\dfrac{\partial \psi_{\mathrm f}}{\partial n}\bigg|_{\varGamma_4}, \quad (x,\ y) \in \varGamma_4 \\[4pt] \psi_{\mathrm m}(x,\ y,\ t=0) = \psi_{\mathrm f}(x,\ y,\ t=0) = \psi_0(x,\ y,\ t=0) \end{cases}$$

其中：$\eta_{\mathrm m}(\psi_{\mathrm m}) = 0.000004\psi_{\mathrm m}^2 + 0.0005\psi_{\mathrm m} - 0.0005$；

$\eta_{\mathrm f}(\psi_{\mathrm f}) = 0.0006\psi_{\mathrm f}^5 - 0.0563\psi_{\mathrm f}^4 + 2.0444\psi_{\mathrm f}^3 - 34.212\psi_{\mathrm f}^2 + 252.82\psi_{\mathrm f} + 744.27$

$\psi_0\big|_{(x,\ y,\ t=0)} = 15.86$；$\dfrac{\partial \psi}{\partial n}\big|_{\varGamma_3} = Q\,\dfrac{\mu}{KA}\,\dfrac{2p}{\mu Z} = c = 2800Q\,\dfrac{\mu}{KA}$。

4.4.5.2 模型求解

求解方法与双孔双渗模型相似，求解过程中对所建立的几何模型网格化，如图 4.18，三角网格数量为 14132 个。

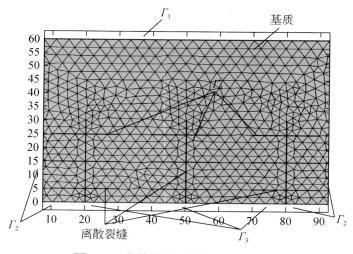

图 4.18　离散裂缝网络模型网格化结果

4.4.5.3 求解结果

求解得到离散裂缝网络模型不同时刻下储层压力分布，见图 4.19。

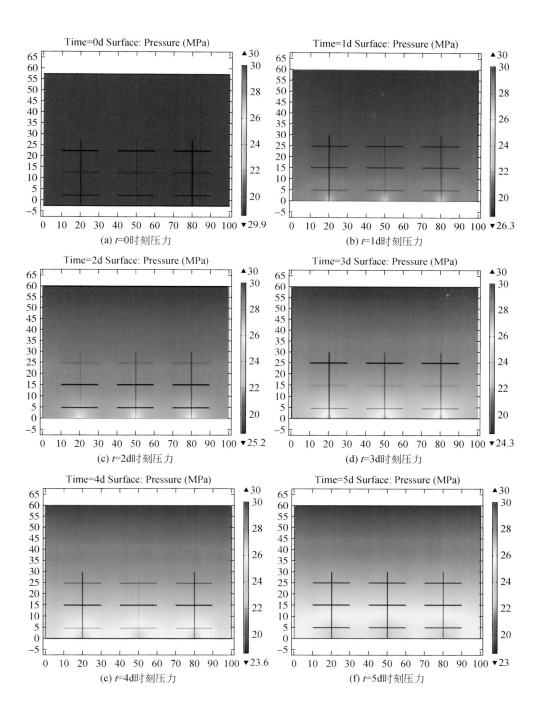

(a) t=0时刻压力

(b) t=1d时刻压力

(c) t=2d时刻压力

(d) t=3d时刻压力

(e) t=4d时刻压力

(f) t=5d时刻压力

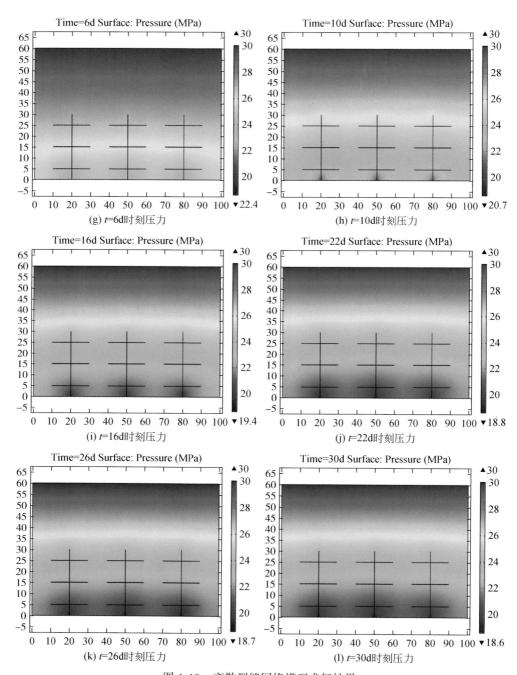

图 4.19　离散裂缝网络模型求解结果

4.4.6　模型求解结果对比分析

本书中的双孔双渗模型和离散裂缝网络模型的几何模型具有相似性：区块大小相同，裂缝区域大小及展布相同，设定了相同的边界条件和初始条件，以相同定产量条件生产，从模拟结果来看，两种模型的压力分布略有区别，但总体上具有相似性。

4.4.6.1　压力变化区域展布

在经过一段生产时间后，储层压力达到稳定状态，两种模型压力变化区域展布见图 4.20。

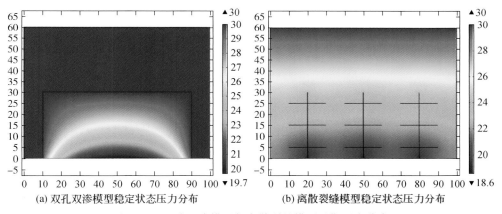

(a) 双孔双渗模型稳定状态压力分布　　　　(b) 离散裂缝模型稳定状态压力分布

图 4.20　双孔双渗模型与离散裂缝模型后期压力分布

对比可以发现，双孔双渗模型中，裂缝存在区域以外基质中，储层压力变化不明显，表明对纯基质区域的压力影响较小，而在离散裂缝网络模型中，裂缝所产生的压力降影响范围较远。其原因是离散裂缝中的高导流通道使得裂缝中的压力与水平井段中的压力相近，因此在裂缝延伸区域的储层深处仍然可以形成较大的压力差，而双孔双渗模型中，模型的假定条件是基质与裂缝在相同的区域中叠加，即使在裂缝区域，低渗基质的叠加存在仍使得裂缝中的压力波无法传播更远。从而在离散裂缝网络模型中，压力变化区域的展布范围更大。

4.4.6.2　水平井段压力

根据两种模型在水平井井段压力计算结果，绘制曲线如图 4.21 所示。

从图 4.21 中可以看出，随着时间增长，水平井段压力在快速降低后，逐渐在后期保持稳定。其原因是在生产初期，储层中压力波传播的范围较小，距水平井较远处的储层中气源还无法进行补给，所以在定产量的条件下，井底压力下降

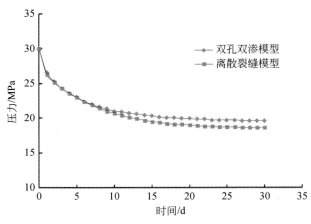

图 4.21　近井段储层压力随时间变化曲线

速度也非常快；而在生产后期，由于压力波传播至整个储层，大范围的解吸气体可以补给产出气体，因此井底压力的下降速度逐渐变缓，最终储层压力达到稳定状态。

两种模型的计算结果在初期基本保持一致，但是随着开采过程的逐渐进行，水平井井段的压力计算结果会逐渐产生差别。双孔双渗模型计算结果的最低压力为 19.7MPa，离散裂缝模型计算结果为 18.6MPa，产生差别的原因在于，离散裂缝模型中裂缝高导流能力相对基质更加明显，其影响的压力展布范围越大，整体的流动阻力越大，在内边界定流量与外边界定压的情况下，需要更高的压力差，因此离散裂缝的水平井段压力更低。

4.4.7　影响因素分析

为研究不同因素对页岩气水平井生产的影响规律，在定产量生产的条件下，设定单因素变化，计算井底压力变化曲线，以井底压力变化来量化表征各因素对页岩气水平井生产的影响。

4.4.7.1　渗透率影响分析

页岩气储层的渗透率是由储层基质渗透率和裂缝渗透率共同影响，针对该两种参数，利用双孔双渗模型分别讨论不同渗透率值生产井的影响。

1. 裂缝渗透率影响

设定不同的裂缝渗透率（1mD，2mD，3mD，4mD，5mD），计算井底压力，并绘制曲线（图 4.22）。为进一步量化裂缝渗透率对页岩气井生产影响，计算不同裂缝渗透率条件下储层压力稳定时井底压力，并绘制曲线（图 4.23）。

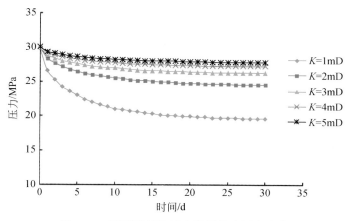

图 4. 22　不同裂缝渗透率储层井底压力变化

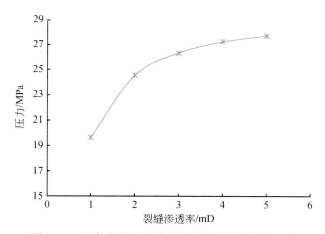

图 4. 23　压力稳定时不同裂缝渗透率储层井底压力

从图 4. 22 中可以看出，水平井井底压力曲线降低幅度随着裂缝渗透率的增加而减小。生产初期，随着生产时间增长，不同裂缝渗透率对应的井底压力曲线差别逐渐增大，在生产后期，井底压力曲线差值逐渐保持稳定。其原因是在定产量的条件下，当储层中裂缝渗透率增大，气体流动阻力减小，需要的生产压差也随着减小，因此井底压力降幅减小；由于在生产初期，压力波传播的范围较小，裂缝作用面积小，不同条件下储层渗流阻力相差不大，在定产量的条件下，所需要的生产压差也比较接近，然而随着压力波传播距离渐远，更多低渗基质参与到渗流系统中，渗流阻力增大，此时高渗透率的裂缝作用面积增大，裂缝渗透率的影响相对生产初期也更大。

从图 4. 23 中可以看出，随着裂缝渗透率增加，储层稳定状态的井底压力增高。当渗透率增大到一定程度时，井底压力变化曲线升高趋势变缓，表明裂缝渗透率增加到一定程度时，其对水平井生产的影响也逐渐减弱。裂缝渗透率 K_f 从 1mD 以 1mD 为步长逐渐增长到 5mD 时，储层稳定状态时井底压力在每个步长增长比例分别为：0.249，0.073，0.034，0.018，其原因是页岩气生产过程中，吸附气体首先要通过解吸过程，通过基质孔隙才能进入裂缝流入井中，过高的裂缝渗透率，会使得储层基质中气体来不及运移至裂缝内，因此，过分追求高渗透率的裂缝对页岩气开采并没有益处。

2. 基质渗透率影响

设定不同的基质渗透率（3×10^{-6}mD，6×10^{-6}mD，9×10^{-6}mD，1.2×10^{-5}mD，1.5×10^{-5}mD），计算井底压力，并绘制变化曲线如图 4.24 所示。为进一步量化基质渗透率对页岩气井生产影响，计算不同基质渗透率条件下储层压力稳定时井底压力，并绘制曲线（图 4.25）。

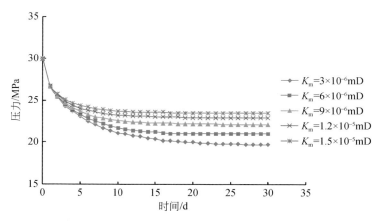

图 4.24　不同基质渗透率储层井底压力变化曲线图

从图 4.24 中可以看出，页岩气储层基质渗透率相比裂缝渗透率对生产过程的影响，总体上有相似的规律，水平井井底压力随着基质渗透率的增加而增大，并在生产初期，随着生产时间增长，不同渗透率对应的井底压力曲线区别逐渐增大，在生产后期，井底压力曲线保持稳定。产生该现象的原因与裂缝渗透率的原因相同，不再赘述。

由图 4.25 可知，随着基质渗透率增加，储层压力稳定时井底压力增高，相对于裂缝渗透率影响曲线（图 4.23），曲线变缓的趋势不明显，表明基质渗透率对水平井生产作用范围更大。基质渗透率从 3×10^{-6}mD 以 3×10^{-6}mD 为步长增长到 1.5×10^{-5} mD 时，井底压力在每个步长增长比例分别为：0.066，0.052，0.036，0.026，总的增长比例仅为 0.192。于荣泽等（2012）指出基质渗透率小

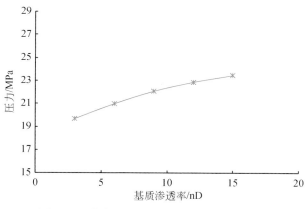

图 4.25　井底压力对基质渗透率敏感性曲线

于 1nD 时，基质渗透率是控制页岩气井产能的主要因素。

4.4.7.2　吸附参数影响分析

Langmuir 等温吸附公式中表征吸附性的参数主要是 Langmuir 压力与 Langmuir 体积，Langmuir 体积常数是指单位体积储层的最大吸附量，Langmuir 压力常数是指吸附气体体积达到最大吸附量的一半时对应的压力，它们表征了页岩气藏的吸附能力。可以利用双孔双渗模型研究吸附性参数对页岩气水平井生产状况的影响。针对这两种参数，分别计算不同 Langmuir 压力与 Langmuir 体积参数值所对应的井底压力变化曲线，如图 4.26、图 4.27 所示。

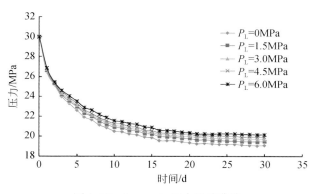

图 4.26　Langmuir 压力影响曲线

从图 4.26 和图 4.27 中可以看出，在页岩气藏生产初期，Langmuir 体积和 Langmuir 压力对生产的影响并不明显，其原因是在生产初期，生产井所造成的压力波传播范围较小，总的气体产出量较小，因此在一定的压力波传播范围内，不

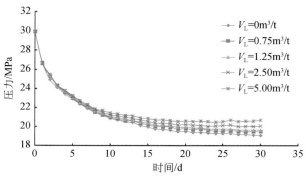

图 4.27 Langmuir 体积影响曲线

同大小的 Langmuir 体积和 Langmuir 压力所产生的解吸气体对于定产量条件来说，解吸量都相对过剩，因此，吸附性参数的大小对井底压力影响不明显。

当生产达到一定时间后，吸附性参数对井底压力的影响逐渐显现出来，随着 Langmuir 体积和 Langmuir 压力增加，井底压力曲线降幅减小，稳定状态时井底压力越高。其原因是，Langmuir 压力和 Langmuir 体积越大，表明页岩气储层的解吸压力越小，气体越容易发生解吸，对产出气体的供给相对更容易，在定产量的条件下，所需要的生产压差较小，因此，井底压力下降量相对较少。

4.4.7.3 气井产量影响分析

页岩气井的产量对储层压力分布存在影响，为获得气井产量对页岩气水平井生产状况的具体影响规律，利用双孔双渗模型计算结果绘制不同定产条件下井底压力变化曲线，如图 4.28 所示。

从图 4.28 中可以看出，井底压力随着气井产量变化的总体规律是，随着气井产量的增加，储层稳定状态时井底压力减小，其原因是产量越大，在相同储层条件下，所需要的生产压差越大，因此井底压力相对更低。

观察曲线还可以发现，当产量逐渐增大到一定程度时，井底压力逐渐低于 5MPa，甚至接近 0MPa，这在实际生产过程中是不可能实现的，同时可以看到，气井产量过高时（如 $Q = 2200 \mathrm{m}^3/\mathrm{d}$ 和 $Q = 2400 \mathrm{m}^3/\mathrm{d}$），井底压力稳定的时间很短，其后井底压力进一步开始降低，发生该现象的原因可能如下：其一是储层中的储量开发殆尽；其二是由于开采过快，气体解吸量补给速度不足。

为进一步确认其原因，分别绘制 $Q = 600 \mathrm{m}^3/\mathrm{d}$、$Q = 800 \mathrm{m}^3/\mathrm{d}$、$Q = 2000 \mathrm{m}^3/\mathrm{d}$、$Q = 2400 \mathrm{m}^3/\mathrm{d}$ 时，储层压力稳定时压力分布图 4.29。

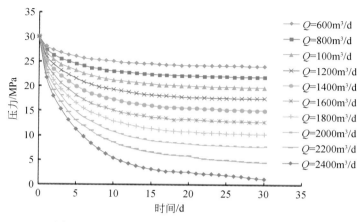

图 4.28　不同恒定产量条件下井底压力变化曲线

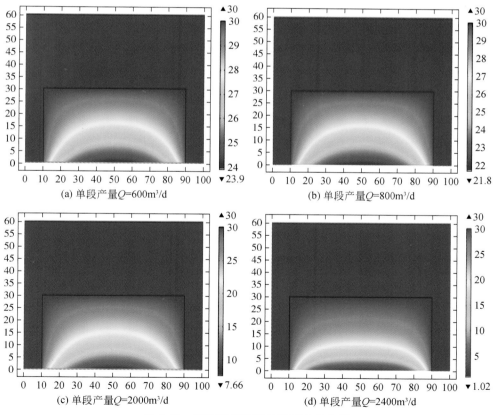

图 4.29　不同单段产量井底压力分布图

明显发现在 $Q = 600\text{m}^3/\text{d}$、$Q = 800\text{m}^3/\text{d}$、$Q = 2000\text{m}^3/\text{d}$ 时，井底压力波都传播到了裂缝区域边界处，$Q = 2400\text{m}^3/\text{d}$ 时，储层中压力波还未传至裂缝区域边界，因此可以推断，井底压力短时间内稳定后压力又进一步降低是因为开采过快，气体解吸量补给速度不足。因此，在进行页岩气开发时，产量的设定需要根据地层实际情况进行优化，在本书的例子中，水平井单一压裂段最大优化产量为 $2000\text{m}^3/\text{d}$。

4.4.7.4　人工改造区域比例

利用高能气体压裂对页岩气水平井改造时，首先需要进行压裂设计，储层改造体积 SRV（stimulated reservoir volume）是其重要的表征量，在二维平面模型中，储层人工改造区域长度，即水平井各压裂段中裂缝区域长度，是 SRV 的关键参数，为研究人工改造区域大小对页岩气水平井生产过程的影响，在水平井压裂段单段长度为 100m 的条件下，分别设计不同大小的人工改造区域比例，即设定人工裂缝区域长度为 90m、80m、70m、60m、50m，计算储层压力分布，计算结果如图 4.30。

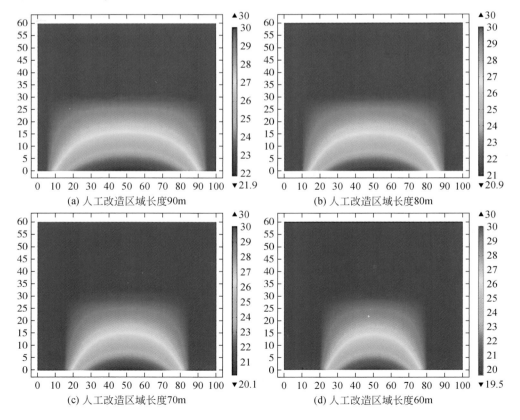

(a) 人工改造区域长度90m　　　　　　(b) 人工改造区域长度80m

(c) 人工改造区域长度70m　　　　　　(d) 人工改造区域长度60m

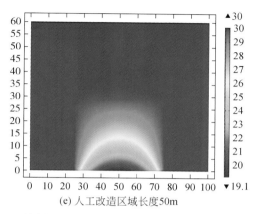

(e) 人工改造区域长度50m

图 4.30　不同人工改造区域长度下储层稳定状态压力分布规律

由图 4.30 中可以看出，在不同的人工改造区域长度情况下，储层中压力变化展布区域有明显区别，并且井底压力的计算结果也有不同，绘制不同人工改造区域长度条件下井底压力变化曲线，如图 4.31，为进一步量化改造区域长度对页岩气井生产的影响，计算不同改造区域长度条件下储层压力稳定时井底压力，并绘制曲线（图 4.32）。

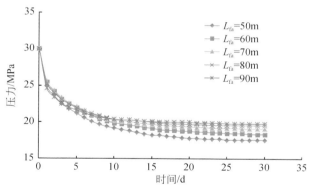

图 4.31　不同长度改造区域井底压力变化

由图 4.31 和图 4.32 可以得出，储层压力稳定时，随着人工改造区域长度的增加，井底压力逐渐升高，裂缝区域长度从 50m 开始，以 10m 为步长，逐渐增加到 90m 时，井底压力的升高幅度并不均匀。由图 4.32 中还可以得出，随着人工改造区域长度增加，在增加初期，井底压力逐步均匀升高，当人工改造区域长度增加到 80m 时，井底压力的升高速度明显变缓，表明人工改造区域长度对气井生产状况影响开始变小。上述现象表明，在对页岩气储层水平井进行压裂改造时，追求过高的储层改造体积并不合理，在本书的研究算例中，最佳的储层改造

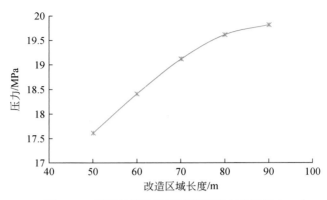

图 4.32　不同长度改造区域稳定状态井底压力

长度比例为 0.8。

4.4.7.5　储层形状因子影响分析

储层形状因子描述的是裂缝与基质的连通程度，形状因子 α 越大，窜流越快。设定不同的储层形状因子值，计算井底压力变化，绘制曲线（图 4.33）。为进一步量化形状因子对井底压力的影响，对比储层稳定状态时不同形状因子储层的井底压力，如图 4.34。

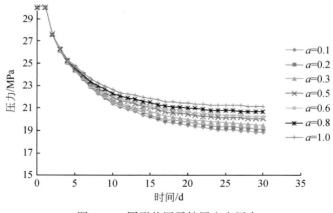

图 4.33　同形状因子储层生产压力

由图 4.33 和图 4.34 可得，随着储层形状因子增大，稳定状态时井底压力越高，换而言之，储层形状因子越小，裂缝与基质之间的沟通情况越差，渗流阻力越大，在定产量情况下所需要的生产压差越大，因此井底压力越小。

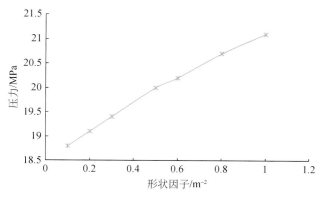

图 4.34　不同形状因子储层生产末期井底压力

4.4.7.6　人工裂缝形态及数量影响分析

页岩气储层中人工压裂裂缝主要通过裂缝长度、裂缝宽度和裂缝数量等参数进行描述，在此利用离散裂缝网络模型分别讨论裂缝长度、裂缝宽度以及裂缝数量对水平井生产的影响。

1. 垂直裂缝长度

分别设定垂直裂缝长度为 20m、30m、40m，计算不同垂直裂缝长度情况下储层中稳定状态压力分布结果，如图 4.35。

以井底压力为衡量标准，分别绘制不同垂直裂缝长度条件下井底压力的变化规律曲线，如图 4.36。

由图 4.36 可以看出，随着垂直裂缝长度增加，在生产初期，井底压力无明显区别，随着生产时间增长，垂直裂缝长度越大，水平井井底压力也越高。原因

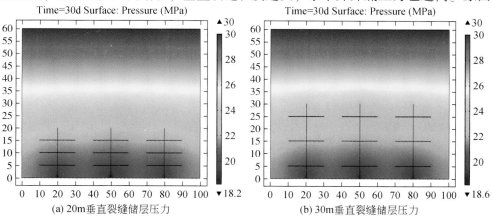

(a) 20m垂直裂缝储层压力　　　　　　(b) 30m垂直裂缝储层压力

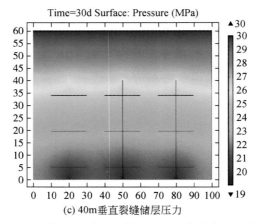

(c) 40m垂直裂缝储层压力

图 4.35　不同长度垂直裂缝储层压力稳定状态时压力分布

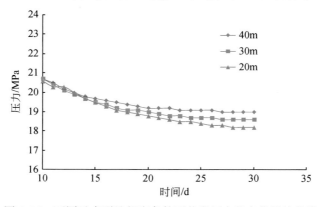

图 4.36　不同垂直裂缝长度条件下井底压力的变化规律曲线

是较长的垂直裂缝可以沟通更远的储层，增大了储层整体的渗透性，因此，在定边界压力与定产量的条件下，所需要的生产压差变小；另外，较长的裂缝使得裂缝壁面面积也较大，因此，吸附气体解吸面积相对较大，从而基质中对裂缝内的气体补给更迅速，二者都使井底压力降速度更慢。

2. 垂直裂缝宽度

在其他条件不变的情况下，分别设定垂直裂缝宽度为 0.1mm、0.2mm、0.3mm、0.4mm、0.5mm，计算不同垂直裂缝宽度情况下储层中压力，绘制井底压力的变化规律曲线，如图 4.37。

从图 4.37 中可以得出：

（1）稳定状态时，随着裂缝宽度增加，井底压力增大，其原因是裂缝宽度的增加，增大了储层的渗透性，降低了气体渗流阻力，在恒定产量的条件下，所需要的生产压差变小，因此井底压力越大。

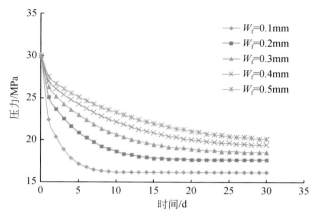

图 4.37　不同垂直裂缝宽度条件下井底压力的变化规律曲线

（2）在裂缝宽度较小时，生产初期，井底压力降低速度较快，达到稳定的时间也较早，裂缝宽度逐渐增加，生产初期井底压力降低速度逐渐变缓，而储层压力稳定时间也出现得越来越晚。出现该现象的原因主要是裂缝宽度越小，裂缝导流能力越小，储层中气体流动性越低，因此在保证恒定产量条件的同时，裂缝中的压力只能通过快速降低来保证产量稳定；当井底压力降低到一定程度时，生产压差随之增大，此时，压力波已经传播至储层中较大范围，气体的解吸补给逐渐增多，即使在裂缝宽度小、渗流阻力大的情况下，也已经形成了足够高的生产压差，保证了稳产条件，从而，井底压力可以快速达到稳定状态。

3. 水平裂缝数量

对页岩气水平井进行储层改造时，压裂的目标是形成裂缝网络，因此与水平井方向平行展布的裂缝对生产井也有一定影响，为分析水平裂缝数量的影响，分别设定各簇水平裂缝数量为 0、1、2、3 条时，计算储层压力分布，如图 4.38。

为进一步量化分析水平裂缝数量对页岩气井生产状况的影响，以井底压力为衡量标准，分别绘制不同数量水平裂缝条件下井底压力的变化规律，如图 4.39。

从图 4.39 中可以看出，不同数量的水平裂缝在气井生产初期对井底压力有较大影响，随着裂缝数量的增加，井底压力逐渐增加；而在生产后期，当压力波传播至整个地层范围时，各条曲线逐渐汇聚至相同值，表明在生产后期，水平裂缝的数量对页岩气井的生产状况并无影响。分析其原因是，水平裂缝数量的增多增大了储层水平方向的渗透性，水平方向上渗流阻力减小，在生产初期，在恒定产量的条件下，水平裂缝的存在使得该方向上的储层吸附气体也可以为生产起到供给作用，因此需要的生产压差也随之减小；到了生产后期，各个压裂段内的压力波都传至各压裂段边界，气体的供给主要是储层深处对水平井的供给，因此，主要依靠垂直裂缝在垂直方向上的贡献。

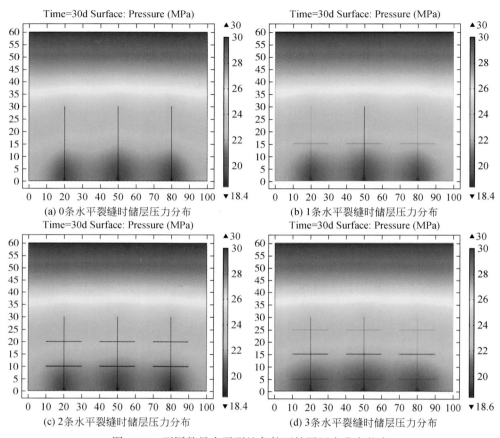

(a) 0条水平裂缝时储层压力分布　　　　　(b) 1条水平裂缝时储层压力分布

(c) 2条水平裂缝时储层压力分布　　　　　(d) 3条水平裂缝时储层压力分布

图 4.38　不同数量水平裂缝条件下储层压力分布状态

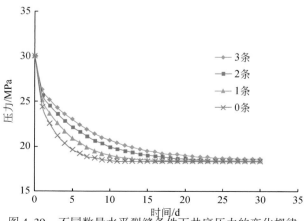

图 4.39　不同数量水平裂缝条件下井底压力的变化规律

第5章　高能气体压裂液体火药配方及优化设计

与固体火药相比，液体火药显著提升了高能气体的压裂效果，但是不同组分和配比下的液体火药配方压裂效果差异巨大。因此通过理论分析获得理想条件下的最优液体火药配方，运用室内实验测试相关配比下的液体火药燃爆性能，并结合大尺度室外压裂模拟，最终实现对液体火药的优化设计，从而为页岩气储层液体火药高能气体压裂配方研究提供相关依据。

5.1　液体火药作用机理

液体火药的燃烧机理为：在溶剂不沸腾的条件下（一般情况下选用的溶剂为水），点火药产生的热量，使液体火药中的氧化剂和燃烧剂达到分解点，在此温度下，燃烧剂和氧化剂雾化分解为 C、H、O 和 N 原子，再根据其比例的不同进而生成 CO、CO_2、H_2O 和 N_2O 等大量高温、高压气体。

由于液体火药整个燃烧过程为先雾化后燃烧，因此与固体火药相比，液体火药的燃烧相对缓慢，且燃烧时间和压力峰值均能保持较长时间，可以大大提高压裂的作用效果。根据在致密砂岩储层的施工结果，当用药量大于 300kg 时，总燃烧时间为 2~40s，所形成的最大峰值压力约为 40~80MPa，低于套管的极限抗压强度，可以确保套管安全。且采用液体火药进行高能气体压裂所产生的裂缝平均长度均在 10m 以上，生成的裂缝宽度一般为 0.5~1.5mm，从射孔处产生的主裂缝条数为 1 或 2 条，鲜有 3 条，增产比一般为 2.0~2.5。因此，将液体火药高能气体压裂应用于页岩气储层改造将会是一种能够形成多裂缝且较为经济的增产方法。

5.2　液体火药配方性能参数设计

5.2.1　液体火药配方组成

高能气体压裂所用的液体火药主要由氧化剂、燃烧剂和溶剂（水）三部分组成。另外针对不同适用条件需要额外再添加一些添加剂，用来提高火药稳定性和点火敏感度，并阻止或减缓由于热、过渡离子催化等作用而造成的液体火药的分解。

在配置液体火药的过程中需先向容器中加入水，再加入氧化剂，并不断地搅拌使其充分溶解，待氧化剂完全溶解后再加入燃烧剂，继续搅拌至液体均匀，随后测量液体火药的温度和密度，要求温度介于 60 ~ 65℃ 之间，密度介于 1.27 ~ 1.30g/cm³ 之间，达到标准即配置完毕。由于液体火药是把氧化剂和燃烧剂都溶解在溶剂水中形成的均质溶液，液体火药中氧化剂的浓度一般要求介于 50% ~ 65% 之间，过多的话则无法保证完全溶解。而在低温条件下，能溶解 50% ~ 65% 的常用氧化剂难以获得，军工行业主要采用硝酸氰胺作为氧化剂，但是硝酸氰胺有毒，且成本较高，获取困难，不便推广。现阶段国内采用高能气体压裂技术施工井深为 1000 ~ 3000m，井内的温度为 60 ~ 120℃。而在此温度条件下，一般的氧化剂如硝酸铵、硝酸钠和过氯酸铵等在水中的溶解度均能达到 60% 以上，因此考虑采用这些物质作为氧化剂可以大大降低液体火药的配方成本，并能保证压裂效果的要求。但针对油田现场条件，还需考虑如下条件。

首先，我国各油田一般都位于交通不太便利、各种条件较为欠缺的偏远地区，因此所选用的氧化剂、燃烧剂以及各种添加剂都必须容易获得，最好能够在当地全部获得，且要便于运输，避免由于原材料购置而产生的不便和成本上升。

其次，所采用的氧化剂、燃烧剂及各种添加剂必须便于现场配置及下井顶替、泵送施工。由于液体火药均为井场现场配制，各种设备须由油田服务单位租用或者自行准备，若原材料的溶解和添加剂的黏度变化造成占用设备过多或时间过长，会限制液体火药高能气体压裂在现场的应用。

最后，在顶替完成之后，必须保证井下点火顺利，而不能为了确保液体火药的使用性能而增加点火难度。在常压下（一个标准大气压）水的沸点为 100℃，因此在此条件下要求配置的氧化剂和燃烧剂的分解点必须高于 100℃，且需保证液体火药不会燃烧，从而确保施工过程的安全性。而在油井条件下，例如在 1000m 的目的层施工，压挡水柱在目的层所产生的压力约为 10MPa，在此压力下水的沸点为 309.5℃。为了使液体火药在此环境中能燃烧，则要求氧化剂和燃烧剂的分解点必须低于 309.5℃，才能保证在水不沸腾的条件下使氧化剂和燃烧剂分解后再化合燃烧放热。

5.2.2　氧化剂和燃烧剂的选择

氧化剂和燃烧剂是液体火药最重要的组成部分，是决定液体火药性能的关键物质。就整体而言，氧化剂和燃烧剂的选择必须遵循的原则是：

（1）在溶剂水中的溶解度大；

（2）作为液体火药能量释放高；

（3）对温度、压力和撞击等外在因素不敏感；

（4）成本低，施工工艺简单。

下面就液体火药配方的选择原则进行具体分析。

5.2.2.1　氧化剂确定

与固体火药相同，液体火药的主要成分也由 C、H、O、N 组成，但与固体火药不同的是液体火药原材料的分子量相对较低，从而保证了其能够与水混溶并保持液体火药的特性。在 C、H、O、N 四种元素构成的化合物中 C 元素的化学价态一般为负值，可以是 $-4 \sim -1$ 之间的任何价态，但是 C 元素燃烧后的产物通常是以 CO_2、CO 或 C（单质）的形式存在，因此 C 元素在液体火药燃烧过程中失去电子，化学价态升高被氧化，是可燃元素，我们常常把含 C 元素多的化合物称为燃料的原因也在于此，因此 C 只能作为燃烧剂中的构成元素而不能作为氧化剂的成分。

在 C、H、O、N 体系中，H 与 C、O、N 相结合，由于他们的电负性都比 H 大，所以 H 一般呈 +1 价态，在液体火药配方中元素的组成接近或等于零氧平衡，燃烧产物中有水，因此 H 只能作为一种燃烧剂被氧化而不能作为氧化剂。

O 的电负性为 3.5，在 C、H、O、N 液体火药配方体系中，O 的电负性最大，它一般都是以 -2 价态的形式存在。唯一呈零价态的是 O_2，但要使 O_2 以液态形式出现需要极低的温度条件，这与前面所确定的选择原则相违背，因此氧气不能作为氧化剂存在。不过在零氧平衡或正氧平衡的液体火药配方燃烧后，燃烧产物中会有 O_2 存在，由于 O 原子失去电子，化学价态升高，被氧化成 O_2，可以起到可燃元素的作用。但这在实际配方中是不可能的，因为只有燃烧接近零氧平衡的液体火药配方才有使用价值。显然，O 元素在液体火药配方中既不是可燃元素，也不是氧化元素。

因此，在组分中能被考虑用来作为氧化剂来源的元素只能是 N 元素，N 原子的最外层是 5 个电子，这样使它能以多种氧化状态的形式存在。在与电负性较高的元素化合形成的化合物中表现为氧化态，它最多能失去 5 个电子呈 +5 价态。如 HNO_3，NO_2^+，$R-NO_3$（硝酸酯）。然而 N 与电负性较低的元素化合则是表现为负价，它最多能得到 3 个电子呈 -3 价，如在 NH_3、NH_4^+ 中，从整体来看氮原子得到电子的能力比失去电子的能力强。

氮元素作为一种氧化剂的构成元素应以 NO_3^- 或 NO_2^+ 离子形式或以 $R-NO_3$ 的形式存在，所以离子状态的硝酸盐或者比较简单的有机分子的硝酸酯在液体火药配方中作为氧化剂是可能的，但是由于硝酸酯不是离子型化合物，大部分硝酸酯的液体范围不宽，加上他们一般有毒，不适用于液体火药，因此选择硝酸盐作为氧化剂。

水溶的液体火药中一般为离子化合物，作为氧化剂的 NO_3^- 必须与一个或多个适合的阳离子配对，常用的阳离子为 H^+ 和 NH_4^+ 及其衍生物，NO_3^- 和 H^+ 结合生成

HNO_3。在所有的氧化剂中，HNO_3是一种相对分子质量最低，含氧量最高，即效率最高的氧化剂。但是由于硝酸的腐蚀性太大、现场不易配制和施工运输成本高等问题，综合考虑选择氨及其衍生物作为氧化剂。

NH_3分子包括三对 N-H 共价键和一对未共价电子对，经质子化产生 NH_4^+，三对共价键的 H 可被取代生成多种衍生物，用 C 原子取代一个或多个 H 原子生成胺，OH 基取代 H 生成氢胺。

氨及其衍生物都具有碱性，尽管碱性的强弱不同，除氢胺外都能与酸反应生成盐，氢胺的碱性很弱，几乎为氨的 1/2000，但它与 NO_3^- 这样的强酸离子结合也能生成稳态盐。同时氨及其衍生物又可以和 NO_3^- 化合生成各种硝酸盐，N_2H_2 和 NO_3^- 反应生成硝酸肼和肼的二硝酸盐，易爆炸，出于安全方面的原因不能用作液体火药原料。

硝酸铵在水中形成的溶液的最大浓度为 10mol/L，相当于水中溶解度的 60%。在军工行业由于其浓度低而造成火药能过低而被放弃，但对于作为油气田增产手段的高能气体压裂的液体火药而言，由于其使用量大，使用条件相对宽松，而且硝酸铵成本低、易得到。因此液体火药中应采用硝酸铵。从苏联的资料来看，他们采用的氧化剂是硝酸铵，而且获得了较好的现场应用效果。硝酸铵为白色晶体，在 169.6℃熔融，其在水中的溶解度非常高（表 5.1）。

表 5.1　硝酸铵溶解度

温度/℃	20	40	60	100	120	140	160
溶解度/%	66.1	73.3	80.2	85.9	94.4	97.4	99.4

硝酸铵具有高度的吸湿性，在湿空气中会变成液体。硝酸铵析晶过程中会产生结块现象，影响使用性能，在存放和运输时应考虑这一点。硝酸铵的平均分子质量为 80.04，热焓为 -1090kJ/kg。

5.2.2.2　燃烧剂选择

根据液体火药的特点，选择的燃烧剂应能溶于水而不影响硝酸铵-水系统的物理性质，即能相溶且它们的盐溶液能被高度离子化，但不会发生任何实质性的水解作用，且符合前文所讨论的各种要求。从前文对 C、H、O、N 系统原子性质分析可知，C 原子是该系统中最适合作可燃元素的原子。

在军工行业被应用的燃烧剂包括硝化二乙二醇、硝基甲烷、醇类、胺类化合物等。但是基于油气井增产及经济角度的考虑，只筛选出了甘油、二乙二醇和尿素三种较为常见的燃烧剂，三者的物理化学性质如表 5.2 所示。

表 5.2　燃烧剂性能

燃烧剂名称	相对密度/（g/mL）	沸点/℃	相对分子质量	热熔/（kJ/kg）	状态	化学性质
甘油（$C_3H_6O_3$）	1.264	290	92.09	1375.8	液	吸水性强，易溶于许多有机物
二乙二醇（$C_4H_{10}O_3$）	1.1184	245	106.12	1399.04	液	有吸湿性，和水、醇易混溶
尿素（CH_4N_2O）	1.335	—	60.06	1293.2	固	易吸水潮解，易和水溶合

　　通过对比发现，三种燃烧剂的性能差别不大，但实验测试结果显示尿素的燃烧性能最差，二乙二醇稍好，甘油最优。

5.3　液体火药配方组分配比理论分析

5.3.1　液体火药能量参数

　　液体火药的配方设计首先是从能量设计开始的。在身管武器火药配方设计中对火药的能量要求是希望其做功能力大而烧蚀性小。评价火药做功能力大小的指标为火药力，评价烧蚀性的指标为火焰温度（T_v 或 T_p）和火药燃烧生成气体中的 CO 和 CO_2 的含量。通常认为火焰温度越高、碳氢化合物含量越高，则烧蚀性也就越大。但对于高能气体压裂的液体火药而言，液体火药在井筒燃烧过程中所产生的腐蚀性气体对于施工本身影响不大，反而会产生酸化解堵作用，这样可以提高造缝能力，并促进二次压裂，但这种烧蚀性一般不作为优化方向，主要优化方向为配方的能量特性。

　　火药的能量与配方组分的种类和配比有关，能量示性数中的爆热（Q_v 或 Q_p）、火焰温度（T_v 或 T_p）、火药力等与组分配比有直接关系。高的能量示性数应从火药组分中生成焓高、燃烧生成物生成焓低和燃烧产物平均相对分子质量小的物质中得到。首先在组分选择中就应加以考虑，综合考虑各种因素，氧化剂宜选用硝酸铵，而燃烧剂宜选用甘油，溶剂则采用廉价且易得的水。在液体火药中水是一种特殊的成分，它不仅是火药成分，而且是火药产物，更重要的是它是液体火药成为液体的溶剂。水的含量高低将决定液体火药的各种性能和施工工艺的复杂程度。

　　液体火药参数计算主要是在于计算其能量示性数，而能量示性数主要包括火药力、爆热、爆温和比容等常规参数，下面就液体火药的几个性能参数做一些相关解释。

（1）火药力：火药力是火药燃气的气体常数与火药爆温的乘积。其物理意义是在理想气体条件下，单位质量的液体火药燃烧成气体，从温度 T_v 等温膨胀到绝对零度对外界所做的功。火药力并不是一种力，它是火药燃烧气体做功能量大小的度量，是火药能量大小的标志。

（2）爆热：爆热分为定压爆热和定容暴热，是指 1kg 火药在一定条件下（即恒容或恒压）爆发反应（燃烧）时所放出的热量。如没有特殊说明，本书中所提到的爆热均指定容暴热，即 1kg 火药在规定温度、隔绝氧气、定容的条件下进行绝热燃烧，并使反应生成物冷却到初始温度时所放出的热量。

（3）爆温：爆温是指火药在绝热的条件下燃烧后生成的燃烧产物所达到的最高温度。定容爆温是火药绝热定容后燃烧生成产物所能达到的最高温度。

（4）比容：比容是指 1kg 火药燃烧后的气体生成物在标准状态（101.325kPa，273.15K）下所占体积（生成水为气态）。比容的大小与反应生成物的平均分子质量有关，当气态生成物的平均分子量较小时，比容将偏大。比容也是我们进行配方设计时比较关心的一个能量参数，因为对于高能气体压裂来讲无论是无壳弹、有壳弹还是液体火药技术都是希望生成大量的高温、高压气体来更有效地作用于目的层。

在研究和设计火药配方时，主要是通过对比不同参数来进行配方筛选，所以每种配方的参数必须确定。如果通过试验进行适配，不仅会导致部分参数无法测定，而且费时费力，因此应先通过理论计算得出相应配方的参数，获得配方配比的大概范围值，再用实验进行精细化确定。

5.3.2　液体火药能量参数计算依据

通过前面论述可知，适用于储层增产改造的液体火药配方主要由硝酸铵（氧化剂），甘油（燃烧剂）和水（溶剂）组成。其中氧化剂与燃烧剂比例的确定是决定液体火药配方能量、使用条件和燃烧时间的主要因素，所以针对具体的实际情况，应先从理论上计算氧化剂和燃烧剂配比范围，再通过室内实验进行验证和优化。

在理论计算火药性能示数时，一般假设燃烧剂在燃烧时会处于两种状态，即非氧平衡和零氧平衡，而非氧平衡又分为正氧平衡和负氧平衡，具体定义如下：

（1）正氧平衡：液体火药中的氧含量除了能够完全将可燃元素氧化外，还有剩余的氧化平衡。

（2）零氧平衡：液体火药中氧含量恰好将可燃元素氧化的氧化平衡。

（3）负氧平衡：液体火药中氧含量不足以将可燃元素完全氧化的氧化平衡。

就液体火药而言，由于装药密度和配比的不同，常见的问题为液体火药无法完全燃烧，且氧化剂的含量对于爆温、爆热影响较大，因此以负氧平衡状态作为主要计算依据，并以零氧平衡计算作为对比（零氧平衡可以视为正氧平衡的临界状态）。

5.3.3　液体火药能量参数计算方法

火药能量示性数的计算方法主要包括基本法、内能法和简化法，这三种方法的基本原理相似，只是针对个别参数的处理方式不同，从而导致计算结果的精确度不同。在三种方法中内能法是最精确的。

内能法的基本原理是对于 C、H、O、N 组成的火药，其千克元素组成 $C_aH_bO_cN_d$，通常满足条件 "$a<c<2a+b/2$"。可以把在 25℃，0.1MPa 条件下液体火药完全燃烧的过程视为这样两个过程的结果：首先火药分解成 C、H_2、O_2 和 N_2 单质，然后再由这些单质的原子结合成燃烧产物。在组成燃烧产物中 N 原子生成 N_2，H 原子生成 H_2 或 H_2O，C 生成 CO 或 CO_2，忽略其他产物如 CH_4 等以及产物的离解，则火药的燃烧反应可表示为

$$C_aH_bO_cN_d \longrightarrow xCO_2+yCO+zH_2O+uH_2+vN_2 \tag{5.1}$$

式（5.1）各部分的生成量可以通过水煤气反应平衡常数及质量平衡计算获得，然后在确定的产物成分基础上根据盖斯定律计算爆热，再根据所生成气体的热容来计算爆温和根据每千克火药产生的气体在标准状态下的体积计算火药的比容，最后得出相应的火药力。

5.3.4　基于非氧平衡状态的液体火药能量示性数计算

液体火药主要由 C、H、O、N 四种元素组成，因此可以写成 $C_aH_bO_cN_d$ 的形式，其中 C、H 是可燃元素，O 是氧化元素。高能气体的燃烧反应的实质是氧化剂和燃烧剂的分子破裂，分子中的可燃元素与氧化元素进行氧化还原反应，组成新的稳定产物，并放出大量的热能。虽然燃烧反应十分复杂，但液体火药燃烧产物主要有 CO_2、H_2O、CO 和 N_2，除此之外还有少量的 O_2、H_2、C、NO、NO_2、CH_4、C_2N_2、NH_3 和 HCN 等。液体火药中的氧化剂和燃烧剂的含量是影响燃烧产物的种类和数量的因素之一。

但当配方处于负氧平衡状态时，产物为由 CO_2、CO、NO、NO_2 等组成的混合气体，其生成热量无法确定，所以以基本法计算作为基础，然后再通过内能法进行对比验证，下面将通过基本法和内能法计算出配方的比例范围，选出能量最高（火药力最高）的液体火药配方。

5.3.4.1　基本法

液体火药成分为 NH_4NO_3、$C_3H_8O_3$、H_2O 的混合物，处于负氧平衡状态，产

物无法确定，满足式（5.1）。基本法遵循盖斯定律，通过确定产物的物质的量，进而算出定容爆热、定压爆热、爆温、火药力和比容等能量示性数。

设液体火药各部分的质量分数分别为 x_1，x_2，x_3，且 $x_1+x_2+x_3=1$。

1. 计算各成分物质的量

$$\begin{cases} n_{\mathrm{NH_4NO_3}} = \dfrac{m_{\mathrm{NH_4NO_3}}}{80} = \dfrac{1000x_1}{80} \\[2mm] n_{\mathrm{C_3H_8O_3}} = \dfrac{m_{\mathrm{C_3H_8O_3}}}{92} = \dfrac{1000x_2}{92} \\[2mm] n_{\mathrm{H_2O}} = \dfrac{m_{\mathrm{H_2O}}}{18} = \dfrac{1000x_3}{18} \end{cases} \tag{5.2}$$

可得出 C、H、O、N 各原子的物质的量：

$$\begin{cases} n_{\mathrm{C}} = 36.21x_2 \\ n_{\mathrm{H}} = 50x_1 + 86.96x_2 + 111.11x_3 \\ n_{\mathrm{O}} = 37.5x_1 + 32.61x_2 + 55.56x_3 \\ n_{\mathrm{N}} = 25x_1 \end{cases} \tag{5.3}$$

通过物质的量守恒，得到以下方程：

$$\begin{cases} n_{\mathrm{CO}} = n_{\mathrm{C}} - n_{\mathrm{CO_2}} \\ n_{\mathrm{H_2O}} = n_{\mathrm{O}} - n_{\mathrm{C}} - n_{\mathrm{CO_2}} \\ n_{\mathrm{H_2}} = 0.5n_{\mathrm{H}} - n_{\mathrm{O}} + n_{\mathrm{C}} + n_{\mathrm{CO_2}} \\ n_{\mathrm{CO_2}} = \dfrac{n_{\mathrm{H_2O}} \cdot n_{\mathrm{CO}}}{K_{\mathrm{w}} \cdot n_{\mathrm{CO}}} \\ \quad = \dfrac{[K_{\mathrm{w}}(n_{\mathrm{O}} - n_{\mathrm{C}} - 0.5n_{\mathrm{H}}) - n_{\mathrm{O}} + \sqrt{[K_{\mathrm{w}}(n_{\mathrm{O}} - n_{\mathrm{C}} - 0.5n_{\mathrm{H}}) - n_{\mathrm{O}}]^2 - 4(K_{\mathrm{w}} - 1)(n_{\mathrm{C}} - n_{\mathrm{O}})n_{\mathrm{C}}}]}{2(K_{\mathrm{w}} - 1)} \end{cases}$$

$$\tag{5.4}$$

计算水煤气平衡常数 K_{w}：

查表数据可得

$$\begin{cases} \Delta rH_{\mathrm{m}} = \sum_B v_B \Delta fH_{\mathrm{m}} \\ \Delta rG_{\mathrm{m}} = \sum_B v_B \Delta fG_{\mathrm{m}} \end{cases} \tag{5.5}$$

由基尔霍夫方程：

$$\Delta rH_{\mathrm{m}} = \Delta H_0 + \int (\sum_B v_B C_{p_i m_i B}) \mathrm{d}T$$

$$= \Delta H_0 + \int (13.01 - 2.5 \times 10^{-3} - 7.91 \times 10^5 T^{-2}) \mathrm{d}T$$

$$= \Delta H_0 + 13.01T - 1.25 \times 10^{-3}T^2 + 7.91T \times 10^{-1} \tag{5.6}$$

将 $T = 298K$，ΔrH_m（298K） $= -41162J/mol$ 代入 ΔH_0，即得

$$\Delta rH_m(298K) = -47582.84 + 13.01T - 1.25 \times 10^{-3}T^2 + 7.91 \times 10^5 T^{-1}$$

又 $\ln K_w(T) = f(T)$，且 $\dfrac{\partial \ln K_w}{\partial T} = \dfrac{\Delta rH_m}{RT^2}$

则

$$\ln K_w = \int \frac{-47582.84 + 13.01T - 1.25 \times 10^{-3}T^2 + 7.91 \times 10^{-5}T^{-1}}{RT^2} dT$$

$$= \frac{5723.22}{T} + 1565\ln T - 0.15 \times 10^{-3}T - 0.4757 \times 10^5 T^{-2} + I \tag{5.7}$$

其中 I 为积分常数，可利用 $T = 298K$ 时，$\ln K_w$（298K）$= 11.507$ 的数据代入求 I。

$$11.507 = \frac{5723.22}{298} + 1565\ln 298 - 0.15 \times 10^{-3} \times 298 - 0.475 \times 10^5 \times 298 + I$$

既得 $I = -16.026$，从而可得

$$\ln K_w = \frac{5723.22}{T} + 1.565\ln T - 0.15 \times 10^{-3}T - 0.4757 \times 10^{-5}T^2 - 16.026$$

将上式代回式（5.3），其中各参数都是关于 x_1，x_2，x_3，T 的公式，即得到 CO_2，CO，H_2O，H_2 和 N_2 等物质的量，便可进行火药爆热计算：

$$Q_p = n_{CO_2}(\Delta H_{f,298}^{\ominus})_{m,CO_2} + n_{CO}(\Delta H_{f,298}^{\ominus})_{m,CO} + n_{H_2O}(\Delta H_{f,298}^{\ominus})_{m,H_2O} - (\Delta H_{f,298}^{\ominus})_P$$

$$= \sum n_i (\Delta H_{f,298}^{\ominus})_{m,i} - (\Delta H_{f,298}^{\ominus})_P \tag{5.8}$$

式中，$n_i(\Delta H_{f,298}^{\ominus})_{m,i}$ 为火药燃烧产物的摩尔生成焓，kJ/mol；$(\Delta H_{f,298}^{\ominus})_P$ 为 1kg 火药的比生成焓，kJ/mol。

又

$$(\Delta H_{f,298}^{\ominus})_P = \sum (10/M_j)(\Delta H_{f,298}^{\ominus})_{m,j} \widetilde{\omega}_j \times 100 \tag{5.9}$$

式中 M_j 为火药成分的相对分子质量；$\widetilde{\omega}_j \times 100$ 为火药成分的质量分数；$(\Delta H_{f,298}^{\ominus})_{m,j}$ 为火药成分的摩尔生成焓，kJ/mol。

$$Q_V = Q_P + nRT_0$$

$$= Q_P + (n_{CO_2} + n_{CO} + n_{H_2O} + n_{H_2} + n_{N_2})RT_0 \tag{5.10}$$

其中 T_0 取 298K。

2. 液体火药爆温的计算

火药爆温是火药爆热与燃烧产物摩尔热容的函数：

$$\begin{cases} t = \dfrac{Q_V}{\sum n_i \overline{c_{V,m,i}}} \\ T_V = t + 298 \end{cases} \tag{5.11}$$

式中，Q_V 为火药的定容爆热，kJ/mol；n_i 为火药燃烧产物的物质的量，mol；$\overline{c_{V,m,i}}$ 为火药燃烧产物的平均定容摩尔热容，kJ/mol。

由于燃烧产物的热容是温度的函数，均质液体火药的主要燃烧产物的平均定容摩尔热容与温度关系的经验关系式如下：

$$
\begin{cases}
\overline{c_{V,m,iCO_2}} = 41.601 + 22.376 \times 10^{-4}(t) \\
\overline{c_{V,m,iCO}} = 23.342 + 10.083 \times 10^{-4}(t) \\
\overline{c_{V,m,iH_2O}} = 28.421 + 35.434 \times 10^{-4}(t) \\
\overline{c_{V,m,iH_2}} = 20.116 + 15.786 \times 10^{-4}(t) \\
\overline{c_{V,m,iN_2}} = 22.865 + 10.610 \times 10^{-4}(t)
\end{cases}
\tag{5.12}
$$

然后将单位千克液体火药产物物质的量和各燃烧产物的平均定容摩尔热容相乘，设

$$
\alpha = 41.601 n_{CO_2} + 23.342 n_{CO} + 28.421 n_{H_2} + 22.865 n_{N_2}
$$

$$
\beta = (22.376 n_{CO_2} + 10.083 n_{CO} + 35.434 n_{H_2O} + 15.786 n_{H_2} + 10.61 n_{N_2}) \times 10^{-4}
$$

于是

$$
\begin{cases}
t = (1000 Q_V)/(\alpha + \beta t) = (-\alpha + \sqrt{\alpha^2 + 4000 \beta Q_V})/2\beta \\
T_V = t + 298(K)
\end{cases}
\tag{5.13}
$$

3. 液体火药的产物比容计算

通过前面计算可知液体火药燃烧产物的成分和物质的量，故可以得到火药燃烧产物的比容：

$$
V_1 = (n_{CO_2} + n_{CO} + n_{H_2O} + n_{H_2} + n_{N_2}) \times 22.4(L/kg)
\tag{5.14}
$$

基本法主要通过物质的量守恒和盖斯定律等定理来计算。

5.3.4.2 内能法

由于基本法计算繁琐，且误差较大，所以计算获得的结果一般需要采用内能法复算。火药燃烧产物的比内能、比焓以及 Q_V、Q_P、$Q_{V,m}$ 和 $Q_{P,m}$ 等均为温度的函数，故如能求得火药燃烧产物的 ΔU–T、ΔH–T、Q_V–T 和 Q_P–T 等的相互关系，再结合 $Q_P = -\Delta H$ 和 $Q_V = -\Delta U$，并通过假设温度梯度进行计算，将不同温度下的结果进行对比，便可得出 Q_V、Q_P、T_V 和 T_P 的准确值。

1kg 的液体火药的化学式 $C_a H_b O_c N_d$，由内能法得

$$
\begin{cases}
\alpha = \sum (10/M_j) \widetilde{\omega}_j (\Delta H^{\ominus}_{f,298})_{m,f} \\
\beta = -131.303a + 241.826c \\
\gamma = -128.826a + 1.238b + 241.826c + 1.238d
\end{cases}
\tag{5.15}
$$

式（5.15）不封闭，需要补充方程。内能法主要依靠不同温度来进行计算对

比，从而获得准确值。水煤气平衡常数受温度影响最大，且显著影响生成产物，因此不同爆温条件下的水煤气平衡常数需另行计算，计算公式如下：

$$
\begin{cases}
\delta = 4a(c-a)/(K_{\tilde{\omega}}-1) \\
\varepsilon = c - (c+0.5b)K_{\tilde{\omega}}/(K_{\tilde{\omega}}-1)
\end{cases}
\tag{5.16}
$$

再求不同温度下的 n_{CO_2} 确定参数 ζ：

$$
\begin{cases}
n_{CO_2} = 0.5(\varepsilon + \sqrt{\varepsilon^2 + \delta}) \\
\zeta = 41.163 \times n_{CO_2}
\end{cases}
\tag{5.17}
$$

则不同温度下火药的爆热：

$$
\begin{cases}
Q_P = \beta - \alpha + \zeta \\
Q_V = \gamma - \alpha + \zeta
\end{cases}
\tag{5.18}
$$

各温度下火药气态产物摩尔内能差之和：

$$
\sum n_i \Delta U_i = 0.5d\Delta U_{N_2} + (a+0.5b)\Delta U_{H_2} + c(\Delta U_{H_2O} - \Delta U_{H_2}) - (\Delta U_{H_2O} - \Delta U_{CO_2})
$$
$$
+ \left[(\Delta U_{CO_2} - \Delta U_{CO}) - (\Delta U_{H_2O} - \Delta U_{H_2O}) \right] n_{CO_2}
\tag{5.19}
$$

化简得

$$
\sum n_i \Delta H_i = n_i \Delta U_i + (n_C + 0.5b + 0.5d)R(T-298)
$$

通过以上计算，得出不同温度的数据，以 T 为横轴，Q_V、Q_P、T_V 和 T_P 为纵轴进行绘图，得出符合 $Q_P = -\Delta H$ 和 $Q_V = -\Delta U$ 的交点，即为所求的准确值。

5.3.4.3　液体火药燃烧非氧平衡模型建立及影响因素分析

1. 液体火药燃烧非氧平衡模型的建立

就理论而言，液体火药配方优化主要是通过理论计算不同火药配方配比的性能，筛选出符合各种指标的配方，以满足现场施工的要求。针对适用于页岩储层的液体火药，其目标在于提高火药力，通过单目标优化进行计算，即以火药力的提升为因变量，氧化剂、燃烧剂和水的配比为自变量，在此基础上可建立以下数学模型：

$$
\begin{cases}
\min \dfrac{1}{f_V}(x_1, x_2, \cdots, x_n) \\
\min T_V(x_1, x_2, \cdots, x_n) \\
\sum_{i=1}^{n} x_i = 1 (i = 1, 2, \cdots, n) \\
0 \leqslant x_i \leqslant 1 (i = 1, 2, \cdots, n)
\end{cases}
\tag{5.20a}
$$

其中火药力 f_V 为主要能量参数，而 T_V 为高能气体腐蚀度的一个参数，在火药配

方的设计中，给定火药爆温上限，就可转化为

$$\begin{cases} \min \dfrac{1}{f_V}(x_1,\ x_2,\ \cdots,\ x_n) \\ \text{s. t. } T_V(x_1,\ x_2,\ \cdots,\ x_n) \leqslant T_{V_0} \\ \displaystyle\sum_{i=1}^{n} x_i = 1 (i = 1,\ 2,\ \cdots,\ n) \\ 0 \leqslant x_i \leqslant 1 (i = 1,\ 2,\ \cdots,\ n) \end{cases} \qquad (5.20\text{b})$$

上述公式即为单目标优化，其中 f_V 的表达式由式（5.21）确定：

$$f_V = \overline{R} T V \qquad (5.21)$$

而 $\overline{R} = \dfrac{R_0}{\overline{M}}$，$R_0 = 8.31441\text{J}/(\text{mol} \cdot \text{K})$，

$$\overline{M} = \frac{44 n_{CO_2} + 28 n_{CO} + 18 n_{H_2O} + 28 n_{N_2} + 2 n_{H_2}}{n_{CO_2} + n_{CO} + n_{H_2O} + n_{N_2} + n_{H_2}}$$

即为

$$f_V = \frac{R_0}{\overline{M}} T_{V_0}$$

考虑到数据多、配方配比繁杂和运算量大等因素，为了在理论上方便获得液体火药的各项性能参数，根据上述计算方法，利用 microsoft visual studio 2010 编写了计算软件（图 5.1），软件包括火药成分选择，可以使用基本法和内能法计算各配方的性能参数。

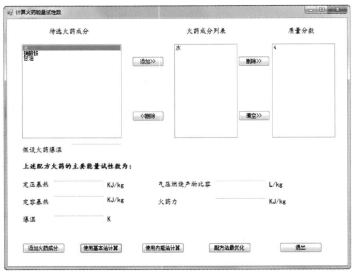

图 5.1　计算软件界面

主要操作流程分为以下两步：

（1）选择拟计算的液体火药配方成分，输入预置化学成分的配比；

（2）选择计算方法进行计算，主要通过基本法和内能法相互验证，最终得出各配方的配比相应的火药性能参数。

编制的计算软件在一定程度上简化了计算过程，基本上解决了液体火药能量示性数的计算问题，为室内实验测试提供了相关参考，但仍存在两个问题：

（1）由于火药爆温测试主要是在密闭条件下由红外热像仪测取，但在实际应用时火药却处于开放环境，因此无法保证其精确性；

（2）针对液体火药配方，主要是通过控制单一变量的单目标优化计算获得，但影响液体火药燃烧性能的因素大部分如地层环境等都是不可控的，因而获得的计算结果均为理想条件下的，与实际结果存在一定的误差。

2. 液体火药性能影响因素分析

图 5.2 为通过软件计算的液体火药性能曲线，氧化剂选用硝酸铵，燃烧剂分别选用尿素、二乙二醇和甘油，设置氧化剂和燃烧剂的比例分别为 5.5∶1［图 5.2 (a)］、6∶1［图 5.2 (b)］和 6.5∶1［图 5.2 (c)］，水含量为 15%～30%。

由图 5.2 可知，随着含水量的增加，液体火药的火药力总体呈直线下降趋势，在计算中还发现对于另外几个能量示性数，如爆温和爆热等的影响具有相同的变化规律。但结合实验和现场应用效果，发现当水含量超过 30% 时，液体火药性能能量影响很大。因此综合考虑液体火药的能量示性数、燃烧性能和现场应用效果，液体火药中水的含量不应超过 30%。

但是水含量的减少会导致液体火药的使用温度升高，增加现场配置难度，且为了保证液体火药的使用性能，要求从配制到下井的整个过程中氧化剂必须完全溶解而不能有晶体析出。硝酸铵在水中的溶解度随温度的升高而增加，在 20℃ 的条件下，其溶解度为 65%，而在 70℃ 时会达到 80%，即随着温度升高氧化剂含量逐渐增加。根据长期实践经验，在保证液体火药性能不变的条件下，各组分完全溶解时所需要的最低温度会随着含水量的减少而大幅度增加，另外会使液体火药的成本直线增加。因此，考虑到结晶问题，在实际配制液体火药过程中，水的含量应大于 20%。因此，就理论而言，液体火药中水的含量应介于 20%～30% 之间。

5.3.4.4　液体火药中氧化剂和燃烧剂配比的影响

燃烧剂和氧化剂的配比是影响液体火药能量参数最主要的因素，显著影响储层增产改造效果。为了避免火药配置过程的盲目性，一般需要先通过理论计算获取燃烧剂和氧化剂的范围值，再通过实验确定最优配比。在计算时需先确定一个含水量（水含量为 20%～30%），针对特定含水量条件下，选择不同的氧化剂和燃烧剂配置比例。考虑到尿素起爆压力高且不容易点燃，因此只选择甘油和二乙

二醇作为燃烧剂，而氧化剂依然选择硝酸铵。在不同的配比条件下计算其火药力
（爆温、爆热与火药力成正相关）和比容，并对其结果进行分析。

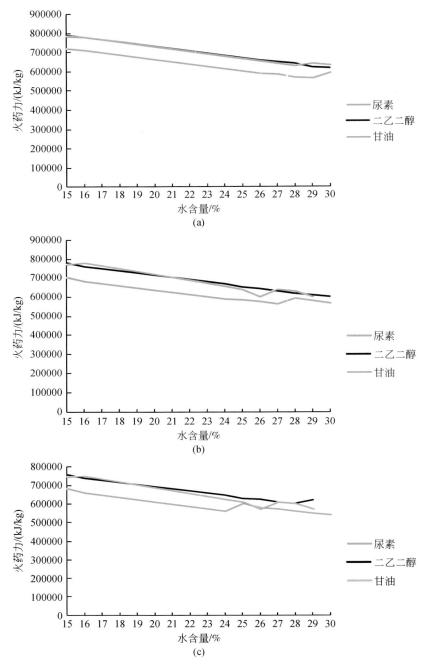

图 5.2　水（溶剂）含量对液体火药能量的影响

由图 5.3 可知，理论上选择甘油或二乙二醇作为燃烧剂，对液体火药火药力的影响都不大，火药力的大小随氧化剂与燃烧剂比值的增加而增加，爆温和爆热也呈现出相同的规律，而对比容的影响却相反（图 5.4）。

通过上述分析，随着氧化剂与燃烧剂比值的增大，火药力的增幅速度最快，爆温和爆热次之，但在实际施工过程中，氧化剂与燃烧剂的比值的增大，会导致运输、保存和使用条件的要求更苛刻和成本增加。因为硝酸铵的含量越高，在溶剂水中溶解所需要的能量也就越高，从而只能通过不断提高溶剂温度来解决氧化剂和燃烧剂溶解的问题，这就对运输和使用条件提出更为苛刻的要求，而且硝酸铵本身在泵送过程中极易析出，所以配比不能过高。

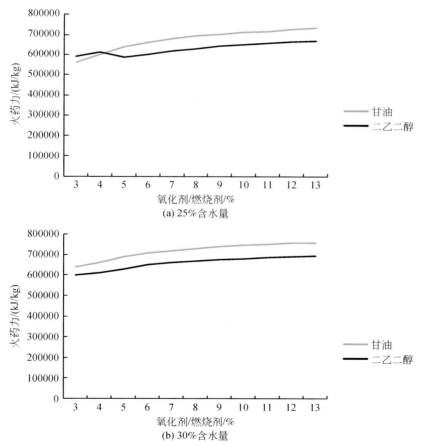

图 5.3　特定含水量条件下不同氧化剂与燃烧剂比值与火药力关系曲线

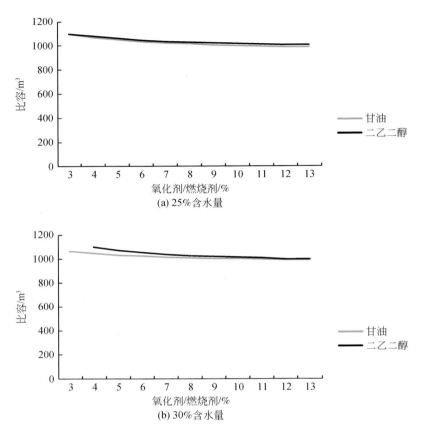

图 5.4 特定含水量条件下不同氧化剂与燃烧剂比值与比容关系曲线

而针对燃烧剂，在水和氧化剂极限含量条件（硝酸铵含量 60%，水含量 30%）下研究甘油和二乙二醇性能发现：①二乙二醇点火延迟比甘油严重；②二乙二醇点火后到达峰值的时间比甘油长；③二乙二醇的峰值压力比甘油低。再考虑到在溶剂（水）中的溶解度、对压力撞击及温度的敏感性、成本以及分解温度等因素，认为选择甘油作为燃烧剂更优。

5.3.5 基于零氧平衡状态的液体火药能量示性数计算

当配方处于零氧平衡状态时，采用 OB 法计算氧平衡比例，并计算出相应的爆温和爆热，对于 $C_aH_bO_cN_d$ 类炸药：

$$\mathrm{CHON}\begin{cases}\mathrm{C}\xrightarrow{\ \mathrm{O}\ }\mathrm{CO}\xrightarrow{\ \mathrm{O}\ }\mathrm{CO_2}\\[2pt]\mathrm{H}\xrightarrow{\ \mathrm{O}\ }\mathrm{H_2O}\\[2pt]\mathrm{N}\xrightarrow{\ \mathrm{O}\ }\mathrm{NO}\xrightarrow{\ \mathrm{O}\ }\mathrm{NO_2}\\[2pt]\searrow\mathrm{N_2}\end{cases}\Rightarrow\begin{cases}\mathrm{CO_2}\rightarrow 2a\\[2pt]\mathrm{H_2O}\rightarrow 0.5b\\[2pt]\mathrm{O}\rightarrow c\end{cases}\tag{5.22}$$

则氧平衡的公式为

$$\mathrm{OB}=\frac{[c-(2a+0.5b)]\times 16}{M_r}\tag{5.23a}$$

式中，OB 为火药的氧平衡值，g/g；16 为氧的相对原子质量，g/mol；M_r 为炸药的相对分子质量，g/mol。

氧平衡也可以用百分数表示，指每 100g 炸药中所含多余或不足的氧的质量分数，即

$$\mathrm{OB}=\frac{[c-(2a+0.5b)]\times 16}{M_r}\times 100\tag{5.23b}$$

分别计算 NH_4NO_3 和 $C_3H_8O_3$ 的氧平衡：

对于 NH_4NO_3：$a=0$，$b=4$，$c=3$；$M_r=80$

$$\mathrm{OB}_{NH_4NO_3}=\frac{[c-(2a+0.5b)]\times 16}{M_{NH_4NO_3}}=0.2(\mathrm{g/g})$$

对于 $C_3H_8O_3$：$a=3$，$b=8$，$c=3$；$M_r=92$

$$\mathrm{OB}_{C_3H_8O_3}=\frac{[c-(2a+0.5b)]\times 16}{M_{C_3H_8O_3}}=-1.22(\mathrm{g/g})$$

设 NH_4NO_3 和 $C_3H_8O_3$ 的组分比例分别为 x 和 y，则有

$$\begin{cases}x+y=1\\0.2x-1.22y=0\end{cases}\tag{5.24}$$

从而解得

$$\begin{cases}x=86\%\\y=14\%\end{cases}$$

即当 NH_4NO_3 和 $C_3H_8O_3$ 的比例为 86:14 时达到氧平衡。

下面通过理论计算爆温和爆热，假设理想条件满足以下条件：

（1）认为整个液体火药燃烧过程近似为定容过程；

（2）整个液体火药燃烧过程是绝热的，燃烧反应中放出的能量全部用以为燃烧产物供能；

（3）燃烧产物的热容只是温度的函数，与爆炸时产生的压力或其他条件无关。

在氧平衡条件下，计算液体火药的爆热和爆温，得

$$7NH_4NO_3+C_3H_8O_3=\!=\!=18H_2O+3CO_2+7N_2$$

即

$$\begin{cases} Q_{prod} = 18Q_{H_2O} + 3Q_{CO_2} + Q_{N_2} \\ Q_{reac} = 7Q_{NH_4NO_3} + Q_{C_3H_8O_3} \\ Q_{exo} = Q_{reac} - Q_{prod} \end{cases} \tag{5.25}$$

式中，Q_{prod}为生成物能量，kJ/mol；Q_{reac}为反应物能量，kJ/mol；Q_{exo}为反应过程放出的热量，kJ/mol。

代入推导，得到

$$Q_{exo} = 3558.73(kJ/mol)$$

又由定容爆热

$$Q_V = Q_{exo} + \Delta nRT = 3626.48(kJ/mol) \tag{5.26}$$

根据上述假定，液体火药的爆热与爆温的关系可以写为

$$Q_V = \overline{C_V}t \tag{5.27}$$

式中，C_V为从 0℃ 到 t℃ 范围内全部爆炸产物的平均热容，J/(mol · ℃) 或 J/(kg · ℃)；t 为所求的爆温值，℃。

一般热容与温度的关系可以如下表示：

$$\overline{C_V} = a_0 + a_1t + a_2t^2 + a_3t^3 + \cdots + a_nt^n \tag{5.28}$$

由于液体火药为零氧平衡时计算方程较为简单，所以认为热容与温度是线性关系，且只取前两项，则爆热为

$$Q_V = (a_0 + a_1t)t \tag{5.29}$$

爆温的计算公式为

$$t = -a_0 + \frac{\sqrt{a_0^2 + 4a_1Q_V}}{2a_1} \tag{5.30}$$

由上述公式先计算 H_2O、CO_2 和 N_2 等的热容。

对于 H_2O：

$$\overline{C_{V_{H_2O}}} = 18 \times (16.74 + 89.96 \times 10^{-4}t) = 301.32 + 1619.28 \times 10^{-4}t(J/℃)$$

对于 CO_2：

$$\overline{C_{V_{CO_2}}} = 3 \times (37.66 + 24.27 \times 10^{-4}t) = 112.98 + 72.72 \times 10^{-4}t(J/℃)$$

对于 N_2：

$$\overline{C_{V_{N_2}}} = 7 \times (20.08 + 18.83 \times 10^{-4}t) = 140.56 + 131.81 \times 10^{-4}t(J/℃)$$

将上述热容值求和，获得生成物总热容 $\overline{C_V}$：

$$\overline{C_V} = 554.86 + 1823.81 \times 10^{-4}t(J/℃)$$

则

$$t = \frac{-554.86 + \sqrt{554.86^2 + 4 \times 0.182381 \times 3626.45 \times 1000}}{2 \times 0.182381} = 3190.3\,℃$$

从而得到

$$T = t + K = 3463.3(\mathrm{K}) \tag{5.31}$$

综上，通过 OB 法的计算，获得了零氧平衡状态下液体火药燃烧的相关参数，通过与非氧平衡状态对比，并考虑实际应用时硝酸铵溶解度与水含量对液体火药的影响，得出液体火药配方的大致范围为：硝酸铵：甘油：水 =（5~6.5）：（1~2）：（2~3）。

5.3.6　液体火药理论配方配比

根据前文计算结果，结合图 5.5 测试曲线，设置 5 组配方进行室内实验，其中包括 3 组负氧平衡、1 组零氧平衡和 1 组正氧平衡。在负氧平衡状态下，由于氧元素不足，无法完全释放燃烧剂的能量，所以需要考虑氧化剂和燃烧剂配比以及水含量对于液体火药性能的影响；零氧平衡状态则刚好完全释放燃烧剂能量，为最佳反应状态；而过氧平衡状态由于氧元素过多，燃烧剂完全燃烧后还有剩余，因此仅作为前几组实验的参考，五组配方配比如表 5.3 所示。

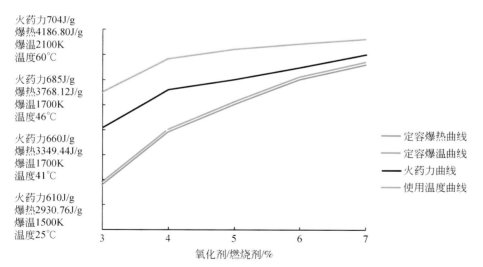

图 5.5　氧化剂/燃烧剂值对能量、热量和使用温度的影响

表 5.3　五组配方配比

化学药剂	配方 1	配方 2	配方 3	配方 4	配方 5
硝酸铵	6	6	6	6.2	6.5
甘油	2	1.5	1	1	1
水	2	2.5	3	2.8	2.5

对上述五组配方所选择的化学药剂均有一定的规定，其中硝酸铵为颗粒状或粉末状白色固体，其真假密度分别为 2.109g/cm³ 和 1.72g/cm³；甘油的纯度不能低于95%；而水为等离子水。

5.4　液体火药能量参数实验

通过前文理论分析和计算可知，能表征液体火药能量性能的参数主要包括火药力、爆热和比容等，因此在进行室内实验测试时应重点测试这几个参数。液体火药燃烧后会产生大量高温高压气体，而现有设备无法达到既定密闭要求，无法准确测定比容，因此只能通过密闭爆发器和爆热弹来测定相应的 $P-t$ 曲线和爆热。

5.4.1　液体火药的配制

实验设备：集热式恒温加热磁力搅拌器、烧杯、温度计和天平。

实验药品：硝酸铵、硝酸钾、甘油和蒸馏水。

实验步骤：①按照理论计算结果确定配方中各组分比例，然后分别对水、硝酸铵（由于硝酸铵易吸水，随取随用，其他未使用的药品要密封并且烘干）和甘油（一般处于干燥密封的瓶中）进行称量。②在确定了各组分的质量后，先将恒温磁力搅拌器加热到30℃左右（集热式恒温加热磁力搅拌器只可以进行小剂量的制作），随后将盛有水的烧杯放入搅拌器中开始搅拌（图5.6），并逐步加入硝酸铵颗粒，使磁力搅拌器升温至 55~60℃，待硝酸铵完全溶解于水中时，将事先称量好的甘油加入烧杯中，保持55~60℃的恒温状态下，继续加热搅拌，等液体呈均匀状态时（约10分钟）关闭磁力搅拌器，将液体火药装入处理过的塑料药包内进行封存。

图 5.6　集热式恒温加热磁力搅拌器

在整个配制过程中，液体火药性质稳定，密度介于 1.20~1.30g/cm³ 之间，呈透明状。在 35℃ 以上时，未发现结晶（图 5.7）；当温度降低至 35℃ 以下时，有晶体缓慢析出；当降至 20℃ 以下时，快速析出针状的白色晶体（图 5.8），因此应将药品储存于密封恒温且干燥的环境中。

图 5.7　加热到 60℃ 的液体火药　　　　图 5.8　冷却到 20℃ 的液体火药

根据设计的 5 个配方，具体性状如下：

（1）实验配方 1。硝酸铵∶甘油∶水 = 6∶2∶2，$\rho = 1.28\text{g/cm}^3$，42℃ 时无明显白色晶体析出 [图 5.9（a）]，然后随着温度降低晶体析出速度加快，结晶呈现密集颗粒状 [图 5.9（b）]。

(a)　　　　　　　　　　　　　(b)

图 5.9　配方 1 实验结果

（2）实验配方 2。硝酸铵∶甘油∶水 = 6∶1.5∶2.5，$\rho = 1.27\text{g/cm}^3$，40℃ 无明显白色晶体析出 [图 5.10（a）]，然后随着温度降低晶体析出速度加快，结晶呈现针状 [图 5.10（b）]。

(a)　　　　　　　　　　　　　(b)

图 5.10　配方 2 实验结果

（3）实验配方3。硝酸铵：甘油：水=6：1：3，$\rho=1.27\text{g/cm}^3$，23℃无明显白色晶体析出〔图5.11（a）〕，然后随着温度降低晶体析出速度加快，结晶呈现较散开针状〔图5.11（b）〕。

图5.11　配方3实验结果

（4）实验配方4。硝酸铵：甘油：水=6.2：1：2.8，$\rho=1.27\text{g/cm}^3$，18℃无明显白色晶体析出（图5.12（a）），然后随着温度降低晶体析出速度加快，结晶呈现散开针状〔图5.12（b）〕。

图5.12　配方4实验结果

（5）实验配方5。硝酸铵：甘油：水=6.5：1：2.5，$\rho=1.28\text{g/cm}^3$，38℃无明显白色晶体析出〔图5.13（a）〕，然后随着温度降低晶体析出速度加快，结晶呈现密集针状〔图5.13（b）〕。

通过配方的对比，可以得出以下结论：

液体火药配制的密度范围在$\rho=1.27\pm0.03\text{g/cm}^3$，结晶析出温度随水含量的提高而降低，且结晶形状随着水含量的增加而分散，假密度越来越大，达到氧平衡的配方在结晶温度优于其他正氧平衡配方和负氧平衡配方，即在制作和运输时更加方便。

(a)

(b)

图 5.13　配方 5 实验结果

5.4.2　液体火药燃烧 $P\text{-}t$ 测试实验

实验设备：200mL 定容密闭爆发器（图 5.14）、应变压电式压力传感器、电荷放大器（图 5.15）、示波器（图 5.16）、起爆器、台钳和天平。

图 5.14　定容密闭爆发器

图 5.15　电荷放大器

图 5.16　示波器

实验药品：点火药（烟火药、发射药）、硝酸铵、硝酸钾、甘油、蒸馏水。

实验步骤：①按照密闭爆发器→应变式压力传感器→电荷放大器→示波器的顺序架设仪器（液体火药燃烧后产生的爆轰冲击波会在传感器上产生电流信号，信号通过电荷放大器放大后进入示波器，示波器滤掉杂波后进行记录），并对测试仪器进行测试；②分别配置 10g、8g 和 6g 的点火药各三发，依次放入密闭爆发器中测试其压力、起爆时间和速度，获得点火药 P-t 曲线；③在确定了点火药性能后，将液体火药和点火药一起放入 200mL 的密闭爆发器中进行点燃，获得液体火药的 P-t 曲线。

由于液体火药燃烧时间长，产生压力高。因此应选择敏感度高，量程在 0 ~ 400MPa 的传感器，且整个实验过程应保证密闭爆发器的密封，防止漏气。

5.4.2.1　点火药测试

实验采用的点火药呈灰色的粉末状，其点火感度较高，采用电点火便可以完全燃烧，共进行了 3 组性能参数实验（装填密度分别为 0.03g/mL、0.04g/mL 和 0.05g/mL）。设备设置参数如表 5.4 所示。

表 5.4　点火药测试设备设置参数

压力量程/MPa	时间量程/ms	电平值/V	放大倍数	边沿类型
120	400	6.4	100	下降斜率

实验结果如图 5.17 所示。

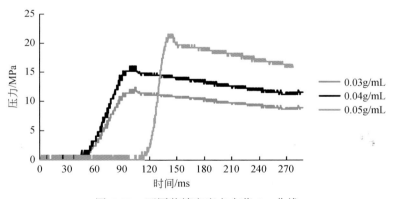

图 5.17　不同装填密度点火药 P-t 曲线

由上述曲线可知，随着装填密度的增加，点火药的峰值压力依次增加，其对应峰值压力如表 5.5 所示。

表 5.5　不同装填密度点火药峰值压力

装填密度/(g/mL)	0.03	0.04	0.05
峰值压力 P_{max}/MPa	12.32	16.00	21.58

基于以上峰值压力，可以得出点火药的压力梯度（图 5.18）。

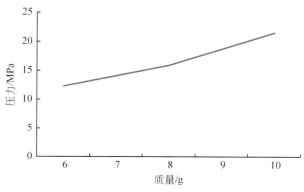

图 5.18　点火药压力梯度曲线

根据上述测试结果，可以得出以下结论：

（1）点火药的压力增长趋势：随着药量增大，压力增长速度更快；

（2）点火药起爆到峰值时间为 50~75ms；

（3）点火药爆炸比较稳定，不存在无法点燃、易爆等现象。

5.4.2.2　液体火药测试

实验共进行了 5 组性能参数实验（装填密度分别为 0.03g/mL、0.045g/mL 和 0.06g/mL），每个装填密度各 5 发。设备设置参数与测试点火药时的参数一致（表 5.4）。由于液体火药的产气量较大，对于测试仪器的精密性和气密性具有很高的要求，为了保证测试结果的准确性，除了采用生胶带和凡士林增加实验密封性外，还采取多次测试取平均值的方法来减小误差。

1. 负氧平衡实验（3 个配方）

实验配方 1。硝酸铵：甘油：水 = 6:2:2，$P\text{-}t$ 曲线见图 5.19。

实验配方 2。硝酸铵：甘油：水 = 6:1.5:2.5，$P\text{-}t$ 曲线见图 5.20。

实验配方 3。硝酸铵：甘油：水 = 6:1:3，$P\text{-}t$ 曲线见图 5.21。

2. 零氧平衡（1 个配方）

实验配方 4。硝酸铵：甘油：水 = 6.2:1:2.8，$P\text{-}t$ 曲线见图 5.22。

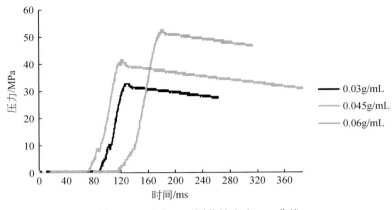

图 5.19 配方 1 不同装填密度 $P\text{-}t$ 曲线

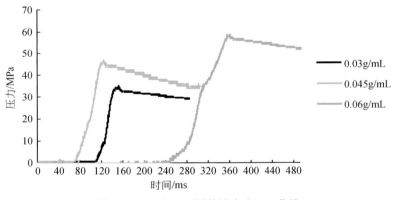

图 5.20 配方 2 不同装填密度 $P\text{-}t$ 曲线

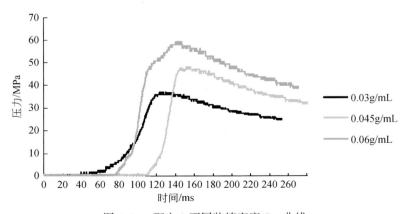

图 5.21 配方 3 不同装填密度 $P\text{-}t$ 曲线

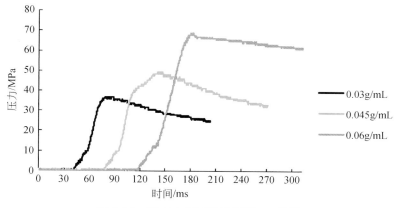

图 5.22 配方 4 不同装填密度 $P\text{-}t$ 曲线

3. 正氧平衡 (1 个配方)

实验配方 5。硝酸铵：甘油：水 $=6.5:1:2.5$，$P\text{-}t$ 曲线见图 5.23。

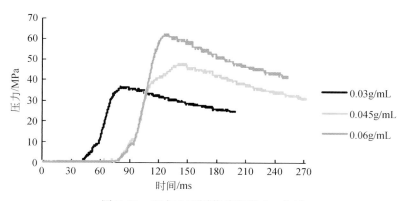

图 5.23 配方 5 不同装填密度 $P\text{-}t$ 曲线

4. 实验结果分析

实验测定火药力的原理是假设可燃物在定容状态完全燃烧，由 Abel-Nobel 气体状态方程推导，可获得燃气状态方程：

$$P_{\mathrm{m}} = \frac{f\Delta}{1 - \alpha\Delta} \quad 或 \quad \frac{P_{\mathrm{m}}}{\Delta} = f + \alpha P_{\mathrm{m}} \tag{5.32}$$

式中，P_{m} 为定容状态下火药燃烧后达到的最高压力，MPa；Δ 为火药装填密度，$\mathrm{g/cm^3}$；f 为火药的火药力，kJ/kg；α 为火药的余容，$\mathrm{cm^3/g}$。

前面分别做了 0.03g/mL、0.045g/mL 和 0.06g/mL 三种装填密度实验，由于液体火药燃烧过程较为稳定，压力一般小于套管抗拉强度，认为 α 为常数，因此利用不同的装填密度得到以下方程：

$$\alpha = \frac{\dfrac{P_{m2}}{\Delta 2} - \dfrac{P_{m1}}{\Delta 1}}{P_{m2} - P_{m1}} \tag{5.33}$$

$$f_i = \frac{P_{mi}}{\Delta i} - \alpha P_{mi} \tag{5.34}$$

由于上面测试结果直接测取的是点火药和液体火药的压力值，但液体火药燃烧时间长，需要考虑点火药的压力对于液体火药火药力的影响，同时还需考虑热散失的影响，需通过以下公式进行修正：

$$\Delta P = 4.51 \times 10^{-2} \times \frac{s}{m} \sqrt{t_b \overline{P_m}} \tag{5.35}$$

$$s = \frac{2v}{r} \tag{5.36}$$

式中，ΔP 为由于热散失损失压力的修正值，MPa；s 为密闭爆发器燃烧室的面积，cm^2；m 为液体火药的装药量，g；t_b 为各配方液体火药燃烧时间的平均值，s；$\overline{P_m}$ 为单组实验测得最大压力平均值，MPa；v 为密闭爆发器燃烧室的容积，cm^3；r 为密闭爆发器本体的内腔半径，cm。

则修正后的火药力的最大压力值为

$$P_m = \overline{P_m} + \Delta P - P_i \tag{5.37}$$

式中，P_m 为修正后的液体火药燃气最大压力，MPa；P_i 为点火压力，MPa。

实测数据如表 5.6、表 5.7 和表 5.8 所示。

表 5.6 装填密度为 0.03g/mL 时各参数测试值

实验配方	点火压力/MPa	最高压力/MPa	燃烧时间/ms
1	12.4	32.83	35
2	12.6	35.2	65
3	13	36.4	100
4	12.8	36.8	50
5	12.8	36.62	45

表 5.7 装填密度为 0.045g/mL 时各参数测试值

实验配方	点火压力/MPa	最高压力/MPa	燃烧时间/ms
1	12.4	41.75	35
2	12.6	46.78	50
3	13	48.11	75
4	12.8	49.39	70
5	12.8	47.82	75

表 5.8　装填密度为 0.06g/mL 时各参数测试值

实验配方	点火压力/MPa	最高压力/MPa	燃烧时间/ms
1	12.4	52.8	50
2	12.6	57.64	100
3	13	59.27	60
4	12.8	67.01	60
5	12.8	61.15	50

根据上述公式和数据分别计算得出不同配方的火药力 f 和余容 α（表 5.9）。

表 5.9　修正后的液体火药火药力和余容

参数	配方 1	配方 2	配方 3	配方 4	配方 5
f	585.08	598	602	615	605
α	2.27	3.48	2.57	2.87	3.45

将上述结果与软件理论计算结果进行对比，发现存在一定误差，经过分析认为产生误差的主要原因如下：

（1）实验装置本身的气密性和液体火药的状态无法精确控制。实验采用的密闭爆发器主要是针对固体火药性能参数设计的，虽然固体火药和液体火药具有一定的相似性，但液体火药燃烧时间较长，对密闭性要求更高，为了保证液体火药的液体状态，必须将其封装入密封的样品袋中，在这个过程中对于液体火药的性能会有所影响，从而导致测试数据的变化。

（2）结晶对于液体火药性能测试具有较大影响。在实验中发现液体火药的燃烧速度高于理论计算值，这是由于液体火药填充到点燃再到引爆过程会导致部分液体火药结晶，虽然通过加热密闭爆发器能改善液体火药的结晶状态，但无法完全消除，从而导致测试结果出现偏差。

（3）实验数据的处理方式存在一定的误差。液体火药的燃烧是一个相对不稳定的过程，实验只能测试其燃烧过程中压力随时间的变化趋势。在处理液体火药 P-t 数据时，所采用的气体状态方程对于固体火药适用性较好，但用于液体火药却可能存在一定偏差，且液体火药本身燃烧过程的复杂性会影响压力的传递，从而导致数据记录的不准确。

P-t 测试的数据主要是为室外试验和现场施工优化提供理论指导，因此只要在一定的误差范围内就可认为测试结果是准确的。

5.4.3　液体火药爆热弹实验

由于液体火药为液体状态，因此无需压制，可直接测定其爆热，爆热弹测试仪器如图 5.24 所示，具体实验步骤如下：①将装有液体火药的试样悬挂在弹盖上，盖上弹盖，抽出弹内空气，再用氮气置换弹内剩余气体，并再次抽真空。②用吊车（实验用手动小吊车）将弹体放入量热桶中，注入蒸馏水（蒸馏水）直到弹体完全淹没为止，注入的蒸馏水量需准确称量。③保持恒温状态 1h 左右后，记录桶内的水温 T_0。④引爆液体火药，整个反应会使水温不断升高，记录水温最高温度，代入式（5.38）即可计算液体火药的爆热实测值。

$$Q_V = \frac{C(m_w + m_1)(T - T_0) - q}{m_e} \tag{5.38}$$

式中，c 为水的比热容，kJ/（kg·℃）；m_w 为注入蒸馏水的质量，kg；m_1 为仪器的水当量，kg；q 为点火药空白实验的热量，kJ；m_e 为炸药试样质量，kg；T_0 为爆炸前桶内的水温，℃；T 为爆炸后桶内的最高水温，℃。

图 5.24　爆热弹测试器

由于室外温度对仪器测量会有影响，所以采用多次求取平均值的方法降低误差，但受设备测量精度限制，存在一定误差。在整个操作过程中，需要注意下述要求：

（1）实验采用的是 50L 球体内腔，由于涉及火炸药，在进入实验室前需消除人体静电，在接入点火药和引线前应使整个回路保持短路，以保证安全。

（2）测试时需将封装后的液体火药捆绑成圆柱体，考虑到爆热弹腔内最大容量和安全问题，只采用 12g 液体火药进行测试，测试前需在球体外加 20L 水，一般水覆盖球体即可。

（3）一发爆热弹的测试时长约为 2~3h，需准确记录最高温度，以供后期数据处理。

由于爆热与火药力成正比，从表 5.10 中数据可知，配方 4，也就是处于正氧平衡状态的液体火药性能最优。在负氧平衡状态下，硝酸铵配比一定，甘油配比越低，爆热值越高。影响液体火药爆热弹实验结果的主要因素包括液体火药的封装、如何在爆热弹中有效引燃液体火药，以及测试数据的本身的处理。

表 5.10　20℃室温条件下不同液体火药配方爆热测试值

项目	配方 1	配方 2	配方 3	配方 4	配方 5
硝酸铵配比	6	6	6	6.2	6.5
甘油配比	2	1.5	1	1	1
水配比	2	2.5	3	2.8	2.5
爆热/(kJ/mol)	3259.63	3321.25	3374.26	3428.56	3356.63

5.5　大尺寸室外模拟实验

室内实验测试只能获得液体火药的基本性能参数，但是否能将液态火药运用于页岩储层的改造，还需进行大尺寸室外模拟实验。

5.5.1　实验原理及设施

液体火药高能气体压裂的设计原则为：在保证套管安全的情况下，尽量增大点火面积即可达到较高的加载速率，获取所需要的裂缝形态。模拟高能气体压裂实验装置如图 5.25 所示，模拟实验的关键是营造一个密闭环境，并加入足够的火药量，使火药爆燃持续一定时间，形成高温、高压环境致使高能气体压裂裂缝起裂扩展。

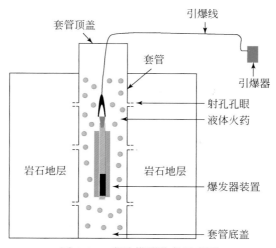

图 5.25　实验模拟装备示意图

5.5.2　实验准备

考虑页岩取心困难，以及易碎等特点，采用由水泥和河砂按一定比例混合而成的混凝土靶代替，水泥靶的制作按照《SY/T 5891.1–1999 油气井射孔检测用混凝土靶制作规范》实施。

实验准备：

（1）水泥：采用规定的 A 级油井水泥。

（2）干河砂：水洗河砂，泥质含量小于 3%，筛分特性符合表 5.11。

表 5.11　干河砂筛分特性

筛孔尺寸/mm	累计筛余质量分数/%
10	0
5	0 ~ 10
2.5	0 ~ 20
1.25	15 ~ 50
0.63	40 ~ 75
0.315	70 ~ 95
0.16	90 ~ 100

（3）水：采用清洁淡水。

（4）套管：采用 Φ244.5mm 套管，两端为梯形螺纹，无螺纹段净长 0.9m，配置相应的端盖一对，套管下端拧紧端盖。另一端预留直径为 0.004m 的小孔用于通过导火线（如图 5.25 所示）。螺纹退刀槽以上 0.05m 处，0.2m 处和 0.35m 处以 90° 相位开孔 12 个，孔径为 12.5mm（以常规射孔中 127 射孔弹的穿孔出口直径为依据，该射孔弹水泥靶穿孔出口直径为 12.5mm），再使用内径 12.5mm，外径 20mm，长度 120mm 的厚壁钢管焊接在对应的 12 个孔上，使用胶带密封，防止水泥靶浇筑过程中水泥浆流入套管内部（图 5.26）。

图 5.26　岩样中置于带射孔的套管

（5）靶壳：按照《SY/T 5891.1–1999 油气井射孔检测用混凝土靶制作规范》要求，制作的混凝土靶外径必须保证射孔后未穿透部分平均厚度不小于76mm，该要求对于液体火药高能气体压裂明显不再适用。依据理论计算，当使用快燃速复合药推进剂实验时，混凝土靶外径不应小于500mm。考虑到地面试验无围压，且在实验过程中可能存在无法憋压及其他安全问题，实验时的混凝土靶的直径为1600mm，并使用2.5mm钢条焊接内衬4mm的三合板，制成相应的靶壳。

（6）投料配比：按照水泥∶干河砂∶水=1∶2∶0.5配比（质量比）进行配置。

（7）混凝土靶浇筑：将基坑内预置靶壳的位置铲平并夯实，放入靶壳，壳内铺一层细砂，将套管中拧紧端盖一端向下放置于靶壳中心，检查泄气孔的密封，若无问题则可进行浇筑，在浇筑过程中应保证水泥、砂和水的充分搅拌。当浇筑至1000mm时将靶面抹平，并标记日期时间。

（8）爆发器装置：采用直径为0.03m、长度为0.4m的复合型推进剂，火药量为0.5kg，用于引燃液体火药，液体火药的药量为20kg。爆发器内置点火药0.015kg，图5.27展示了复合型推进剂组装过程。

图5.27　复合型推进剂组装

（9）混凝土靶的养护：混凝土靶浇筑成型后保持24h，在靶面上加入清洁淡水。保证温度高于0℃，养护28d，养护期间，靶面淡水高度不应小于50mm（图5.28）。

图5.28　实验岩样露天凝固，养护28d以上

5.5.3 实验步骤

（1）清理杂物：把靶面、预留的螺纹扣清理干净，确认套管内部没有异物。

（2）放线：将起爆电线一端置于掩体（本实验为厂房）内，正负对接，一端置于混凝土靶附近，测量起爆线电阻确认正常。

（3）组装推进剂：在铝制尾堵螺纹下缘涂抹黄油后加装密封圈，并与内置硬铝合金管的复合药推进剂进行组装，确保内外螺纹相互咬合，随后按实验要求装填点火药块［此步骤注意如药粉洒落在内螺纹上（上端）一定要擦拭干净，以免拧紧螺纹时因热量聚集点燃点火药块］，最后将电起爆器套密封圈密封面涂抹黄油后与复合药推进剂领部一端连接，使用仪表检测起爆器电阻看是否能满足起爆要求。

（4）连接起爆脚线：将组装好的检测无误的推进剂置于套管中央，将脚线从事先在端盖上的预留孔穿出（孔径4mm）。

（5）灌清水：将清水灌至套管端面，拧紧上端盖。

（6）清场地：无关人员严禁进入实验区域，其余人员撤离至厂房内，起爆器充电，再次确认实验区没有人员后，倒计时3s后起爆。

5.5.4 实验结果及分析

通过引爆器引燃点火药，引爆推进剂，产生适合液体火药燃烧的高温、高压环境，液体火药燃烧产生冲击应力波与高压气体，前后作用于射孔孔眼岩样。图5.29展示爆燃之后岩样的破裂情况。

图5.29　高能气体压裂裂缝扩展形态

由图5.29可知，岩样沿着射孔孔眼方位形成4条径向裂缝，裂缝走向基本沿着预留孔道延伸；以孔眼为集中点开裂，并向上、向下延伸；去除岩样周围遮挡物，岩样以射孔轴线为轴裂开为4块。密闭环境内的压力随时间快速上升，瞬间达到岩样破裂的极限值，形成的裂缝平均长度为0.6778m，平均最大宽度为

0.0217m，测量过程如图 5.30 所示。观察发现：岩样内预留孔道口有明显的冲击波痕迹，裂缝面有明显的冲击波作用、爆燃灼烧痕迹。实验未对套管、预留孔道造成损害，套管内、外径无明显的变化，预留孔道内径也无损害变化（如图 5.31 所示）。

图 5.30　缝宽与缝长测量

图 5.31　爆燃实验之后，套管、射孔钢管的变化情况

　　由于液体火药安全性、岩样制作、实验条件的限定，实验模拟了井筒周围岩石在冲击应力波、高压气体作用下的破裂过程。在套管射孔完井条件下，裂缝从射孔孔眼起裂，并沿着孔眼延伸，4 相位平面射孔形成 4 条径向裂缝，产生的裂缝条数与射孔数量有关。说明液体火药高能气体压裂可在井筒周围形成多裂缝体系，提高井筒周围的裂缝体积，增加地层渗透率与流体流动空间，如若应用于页岩储层，在井筒附近地层有望形成较为复杂的裂缝网络。

5.6　液体火药优化设计

通过理论计算、室内测试和大尺寸室外模拟，得出了不同配方液体火药的基本性能参数，但结合现场致密砂岩储层的施工效果，发现有两个因素会显著影响液体火药的性能，而这两个因素对页岩储层改造势必也会产生一定的影响，从而导致无法达到既定压裂设计。一个因素是液体火药的使用温度和泵送的温度，由于地层温度无法改变，因此如何保证液体火药能在较宽的温度窗口中维持其燃烧性能是需要首先考虑的问题。另一个因素是地下水的侵入，由于地层条件复杂，为使液体火药有效燃烧，需要考虑在复杂地层条件下如何确保液体火药的点火性能。另外，还需要考虑液体火药的安全性。应针对上述问题开展相关研究，从而优化液体火药配方。

对于火药配方优化，目前军工行业主要采取以下三种方式来优化火药的使用温度和点火性能：

（1）减小氧化剂颗粒的粒径，因为氧化剂粒径越小表面积越大，进而达到加快反应的目的，这样就有利于液体火药的充分燃烧。

（2）添加添加剂，常用的添加剂主要为各种金属粉末，尤其是纳米级别的金属粉末，其不但能有效降低液体火药的使用温度，而且还可以用来提高能量并改善火药的燃烧性能。

（3）添加催化剂，在复合火药中加入少量的燃速催化剂（0.25%~5%）能有效地改善火药的燃速，大大提高火药的燃烧性能。

因此，针对液体火药也从上述方式考虑。

5.6.1　液体火药使用温度优化

水含量对于液体火药配方的使用温度具有显著影响，因此需要先获得不同水含量对于液体火药使用温度的影响。通过测试，获得无添加剂条件下水含量与液体火药使用温度的关系数据（表5.12）。

表5.12　无添加剂液体火药使用温度

样品号	硝酸铵含量/%	甘油配比/%	水配比/%	使用温度/℃
1	60	10	30	22
2	61	10	29	26
3	62	10	28	30
4	63	10	27	35
5	64	10	26	41
6	65	10	25	43

由图 5.32 可知，液体火药的使用温度随水含量的增加而升高。在施工过程中，液体火药在地层条件下引爆时会有地层水侵入，因此降低使用温度是保证液体火药正常燃烧的前提。经过多组实验，结果显示采用加热后的纳米级金属粉末可以有效地提高液体火药的点火感度，降低液体火药的使用温度，测试数据如下（表 5.13）。

表 5.13　添加金属粉末液体火药使用温度

样品号	硝酸铵含量/%	甘油配比/%	水配比/%	加热后纳米级金属粉末/g	使用温度/℃
1	60	10	30	0.5	20
2	61	10	29	0.5	24
3	62	10	28	0.5	28
4	63	10	27	0.5	32
5	64	10	26	0.5	37
6	65	10	25	0.5	39

将上述数据与原始数据作图对比（图 5.32）。

由图 5.32 可知，在液体火药中加入加热后的纳米级金属粉末可以有效降低液体火药的使用温度，从而降低了现场施工难度，并且有助于液体火药的点燃。

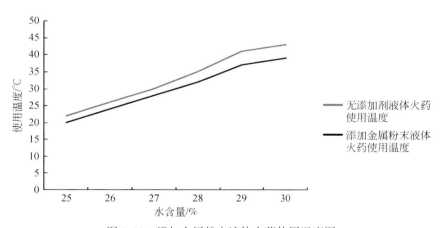

图 5.32　添加金属粉末液体火药使用温度图

5.6.2　液体火药点火性能优化

与液体火药使用温度优化一样，点火性能也可以通过添加添加剂的方法进行改善，从而达到优化点火性能的目的。通过实验，发现在液体火药配方中添加 5% KNO_3 作为点火改良剂能有效改善液体火药点火性能，两种配方配比如表 5.14

（配方 1 为原配方，配方 2 为优化后的配方）。

表 5. 14　优化后配方与原配方配比对比

配方	硝酸铵	硝酸钾	甘油	水
配方 1	62	0	10	28
配方 2	57	5	10	28

对以上两种配方进行点火试验，通过 P-t 测试获取点火压力、点火延迟时间、峰值压力等数据，两种配方对比如表 5.15 所示。

表 5. 15　优化后配方与原配方性能对比

因素	密度 /(g/cm^3)	点火压力 /MPa	点火延迟时间 /ms	达到峰值压力的时间/ms	峰值压力/MPa
配方 1	0.06	16.5	75	60	46
配方 2	0.06	12.5	25	45	48

通过表 5.15 可以看出，当液体火药中加入了适量的点火改良剂 KNO_3 后，其点火性能有了较大的改善。在相同的装填密度条件下（$0.12g/cm^3$），不加点火改良剂的液体火药配方点火延迟是 75ms，加入点火改良剂 KNO_3 之后点火延迟缩短到 25ms；而到达峰值压力则减少了 60ms。

5.6.3　液体火药安全性能参数分析

为了为现场施工提供理论指导，对液体火药进行了重力感度、摩擦感度和耐温性能等实验研究，得到以下参数：

（1）安定性：液体火药在低于 20℃ 的干燥环境条件下，会随温度的降低而析晶，颜色呈淡白色，加热后性能未发生变化。

（2）耐温性：液体火药在 100～200℃ 的温度条件下能储存 2h，无爆炸与燃烧现象，且药剂外观、颜色及流散性均无明显改变。

（3）压力敏感性：根据最大实验压力 250MPa 进行液体火药压力敏感性测试 20 发，其中有 15 发当压力为 100MPa 时开始分解冒烟，2 发在 150MPa 时开始分解冒烟，其余未分解冒烟。

（4）摩擦感度测试：在试验压力 2.5MPa，摆角 66℃，以及滑移距 2mm 的条件下，所做的 5 发测试均未发生爆炸和燃烧。

（5）燃烧时间：在密闭实验条件下，液体火药的燃烧时间最长可达 2s。

（6）峰值压力：对不同配方进行室内实验，在 200mL 密闭爆发器中，当装填密度为 0.2～1.2 时，峰值压力为 50～100MPa。

参 考 文 献

蔡承政，李根生，黄中伟，等.2016.液氮对页岩的致裂效应及在压裂中应用分析.中国石油大学学报（自然科学版），40（1）：79-85

陈方文，卢双舫，丁雪.2015.泥页岩吸附气能力评价模型——以黔南坳陷牛蹄塘组吸附气含量为例.中国矿业大学学报，44（3）：508-513

陈晋南.2014.传递过程原理.北京：化学工业出版社

陈军斌，魏波，谢青，等.2016.基于扩展有限元的页岩水平井多裂缝模拟研究.应用数学和力学，37（1）：73-83

陈勉，金衍，张广清.2008a.石油工程岩石力学.北京：科学出版社

陈勉，周健，金衍，等.2008b.随机裂隙性储层压裂特征实验研究.石油学报，29（3）：431-434

程林松.2011.高等渗流力学.北京：石油工业出版社

辜敏，鲜学福，杜云贵，等.2012.威远地区页岩岩心的无机组成、结构及其吸附性能.天然气工业，32（6）：99-102

郭天魁，张士诚，刘卫来，等.2013.页岩储层射孔水平井分段压裂的起裂压力.天然气工业，33（12）：87-93

郭为，熊伟，高树生，等.2012.页岩纳米级孔隙气体流动特征.石油钻采工艺，34（6）：57-60

郭为，熊伟，高树生，等.2013.温度对页岩等温吸附/解吸特征影响.石油勘探与开发，40（4）：481-485

韩烈祥，朱丽华，孙海芳，等.2014.LPG无水压裂技术.天然气工业，34（6）：48-54

侯向前，卢拥军，方波，等.2013.非常规储集层低碳烃无水压裂液.石油勘探与开发，40（5）：601-605

胡昌蓬，徐大喜.2012.页岩气储层评价因素研究.天然气与石油，30（5）：38-42

黄金亮，邹才能，李建忠，等.2012.川南志留系龙马溪组页岩气形成条件与有利区分析.煤炭学报，37（5）：782-787

纪树培，李文魁.1994.高能气体压裂在美国东部泥盆系页岩气藏中的应用.断块油气田，1（4）：1-8

姜浒，陈勉，张广清，等.2009.定向射孔对水力裂缝起裂与延伸的影响.岩石力学与工程学报，28（7）：1321-1326

金志明.2005.枪炮内弹道学.北京：北京理工大学出版社

近藤精一.2006.吸附科学.李国希译.北京：化学工业出版社

孔祥言.2010.高等渗流力学.合肥：中国科学技术大学出版社

李海涛，罗伟，姜雨省，等.2014.复合射孔爆燃气体压裂裂缝起裂扩展研究.爆炸与冲击，34（3）：307-314

李淑霞，谷建伟.2009.油藏数值模拟基础.东营：中国石油大学出版社

李庆辉，陈勉，金衍，等.2012.页岩气储层岩石力学特性及脆性评价.石油钻探技术，40（4）：17-22

廖东良，肖立志，张元春．2014．基于矿物组分与断裂韧度的页岩地层脆性指数评价模型．石油钻探技术，42（4）：37-41

刘双莲，李浩，张元春．2015．TOC含量对页岩脆性指数影响分析．测井技术，39（3）：352-356

刘玉婷．2012．中外页岩气评价标准之比较研究．荆州：长江大学

罗荣，曾亚武，杜欣．2012．非均质岩石材料宏细观力学参数的关系研究．岩土工程学报，34（12）：2331-2336

苗建宇，祝总祺，刘文荣，等．1999．泥质岩有机质的赋存状态及其对泥质岩封盖能力的影响．沉积学报，17（3）：478-481

聂海宽，唐玄，边瑞康．2009．页岩气成藏控制因素及中国南方页岩气发育有利区预测．石油学报，30（4）：484-491

聂昕．2014．页岩气储层岩石数字岩心建模及导电性数值模拟研究．北京：中国地质大学（北京）

蒲泊伶．2008．四川盆地页岩气成藏条件分析．青岛：中国石油大学（华东）

沈忠厚．2012-9-10．以超临界二氧化碳开发非常规油气藏．中国石化报

苏现波，陈润，林晓英，等．2008．吸附势理论在煤层气吸附/解吸中的应用．地质学报，82（10）：1382-1389

谭明文，何兴贵，张绍彬，等．2008．泡沫压裂液研究进展．钻采工艺，31（5）：129-132

汪鹏，钟广法．2012．南海ODP1144站深海沉积牵引体的岩石物理模型研究．地球科学进展，27（3）：359-366

王安仕，秦发动．1998．高能气体压裂技术．西安：西北大学出版社

王汉青，陈军斌，张杰，等．2016．基于权重分配的页岩气储层可压性评价新方法．石油钻探技术，44（3）：88-94

王汉青．2016．页岩气藏水平井高能气体压裂可压性评价方法研究．西安：西安石油大学

王瑞，张宁生，刘晓娟，等．2013．考虑吸附和扩散的页岩表观渗透率及其与温度、压力之关系．西安石油大学学报（自然科学版），20（2）：49-53

王秀平，牟传龙，葛祥英，等．2014．四川盆地南部及其周缘龙马溪组黏土矿物研究．天然气地球科学，25（11）：1781-1794

王正普，张荫本．1986．志留系暗色泥质岩中的溶孔．天然气工业，6（2）：117-119

魏波．2016．页岩气藏水平井高能气体压裂裂缝起裂与扩展研究．西安：西安石油大学

魏波，陈军斌，谢青，等．2016．基于扩展有限元的页岩水平井压裂裂缝模拟研究．西安石油大学学报（自然科学版），31（2）：70-75

夏蒙棼，韩闻生，柯孚久，等．1995．统计细观损伤力学和损伤演化诱致突变．力学进展，25（1）：1-24

杨海雨．2014．页岩储层脆性影响因素分析．北京：中国地质大学（北京）

姚军，孙海，黄朝琴，等．2013．页岩气藏开发中的关键力学问题．中国科学：物理学 力学 天文学，43（12）：1527-1547

于庆磊．2008．基于数字图像的岩石类材料破裂过程分析方法研究．沈阳：东北大学

于荣泽，张晓伟，卞亚南，等．2012．页岩气藏流动机理与产能影响因素分析．天然气工业，32（9）：10-15

于忠. 2011. 超临界酸性天然气密度黏度变化规律实验研究. 北京：中国石油大学（北京）

张旭，蒋廷学，贾长贵，等. 2013. 页岩气储层水力压裂物理模拟试验研究. 石油钻探技术，41（2）：70-74

赵立翠，王珊珊，高旺来，等. 2013. 页岩储层渗透率测量方法研究进展. 断块油气田，20（6）：763-767

赵杏媛，何东博. 2012. 黏土矿物与页岩气. 新疆石油地质，33（6）：643-647

折文旭. 2015. 页岩气藏水平井 HEGF 裂缝网络渗流模型研究. 西安：西安石油大学

折文旭，陈军斌. 2014. 纳米级页岩孔隙吸附厚度计算方法及其对比分析. 西安石油大学学报（自然科学版），29（4）：69-72

折文旭，陈军斌，张杰. 2015. 考虑吸附和多流动形式共存的页岩气藏纳米级孔隙基质视渗透率计算方法. 西安石油大学学报（自然科学版），30（4）：39-42

周德华，焦方正，贾长贵，等. 2014. JY1HF 页岩气水平井大型分段压裂技术. 石油钻探技术，42（1）：75-80

周理，李明，周亚平. 2000. 超临界甲烷在高表面活性炭上的吸附测量及其理论分析. 中国科学（B 辑），01：49-56

邹才能，等. 2014. 非常规油气地质. 北京：地质出版社

邹才能，董大忠，王社教，等. 2010. 中国页岩气形成机理、地质特征及资源潜力. 石油勘探与开发，37（6）：641-653

Aoudia K，Miskimins J L，Harris N B，et al. 2010. Statistical analysis of the effects of mineralogy on rock mechanical properties of the Woodford Shale and the associated impacts for hydraulic fracture treatment design. ARMA

Bird G A. 1994. Molecular Gas Dynamics and the Direct Simulation of Gas Flows. Oxford，UK：Clarendon Press

Bowker K A. 2007. Barnett shale gas production，Fort Worth Basin：Issues and Discussion. AAPG Bulletin，91（4）：523-533

Chen X，Pfender E. 1983. Effect of the Knudsen number on heat transfer to a particle immersed into a thermal plasma. Plasma Chemistry and Plasma Processing，3（1）：97-113

Cho S H，Nakamura Y，Kaneko K. 2004. Dynamic fracture process analysis of rock subjected to stress wave and gas pressurization. International Journal of Rock Mechanics and Mining Sciences，41：433-440

Curtis J B. 2002. Fractured shale-gas systems. AAPG Bulletin，86（11）：1921-1938

EIA. 2013. Energy information administration，annual energy outlook 2013，AEO 2013 early release overview. Department of Energy，Washington DC

Evans D E，刘绍湘. 1988. 玻尔兹曼常数的测量. 大学物理，（11）：28-29

Fallahzadeh S H，Shadizadeh S R，Pourafshary P. 2010. Dealing with challenges of hydraulic fracture initiation in deviated-cased perforated boreholes. SPE 132797

Freeman E R，Abel J C，Kim C M，et al. 1983. A stimulation technique using only nitrogen. Journal of Petroleum Technology，35（12）：2165-2174

Fries T P，Belytschko T. 2010. The extended/generalized finite element method：An overview of the method and its applications. International Journal for Numerical Methods in Engineering, 84 (3): 253-304

Gilliat J, Snider P M, Haney R. 1999. Field Performance of New Perforating/Propellant Technologies. Journal of Petroleum Technology, 51 (9): 2165 -2174

Goodarzi M, Mohammadi S, Jafari A. 2015. Numerical analysis of rock fracturing by gas pressure using the extended finite element method. Petroleum Science, 12 (2): 304-315

Gordeliy E, Peirce A. 2013. Coupling schemes for modeling hydraulic fracture propagation using the XFEM. Comput Methods Appl Mech Eng, 253: 305-322

Grundmann S R, Rodvelt G D, Dials G A, et al. 1998. Cryogenic nitrogen as a haydraulic fracturing fluid in the Devonian shale. SPE 51067

Gupta D V S, Bobier D M. 1998. The History and Success of Liquid CO_2/N_2 Fracturing System. SPE 40016

Hajiabdolmajid V, Kaiser P. 2003. Brittleness of Rock and Stability Assessment in Hard Rock Tunneling. Tunnelling and Underground Space Technology, 18 (1): 35-48

Harris P C, Klebenow D E, Kundert D P. 1991. Constant-Internal-Phase Design Improves Stimulation Results. SPE Production Engineering, 6 (1): 15-19

Heinemann Z E, Mittermeir G M. 2012. Derivation of the Kazemi-Gilman-Elsharkawy Generalized Dual Porosity Shape Factor. Transport in Porous Media, 91 (1): 123-132

Irwin G R. 1957. Analysis of stresses and strains near the end of a crack traversing a plate. Journal of Applied Mechanics, 24: 361-364

Jarvie D M, Hill R J, Ruble T E, et al. 2007. Unconventional Shale-gas Systems: The Mississippian Barnett Shale of north- central Texas as one model for thermogenic shale- gas assessmen. AAPG bulletin, 91 (4): 475-499

Javadpour F. 2009. Nanopores and Apparent Permeability of Gas Flow in Mudrocks (Shales and Siltstone) . Petroleum Society of Canada

Javadpour F, Fisher D, Unsworth M. 2007. Nanoscale Gas Flow in Shale Gas Sediments. JCPT, 46 (10): 16-21

Ju Y W, Wang G C, Bu H L, et al. 2014. China Organic-Rich Shale Geologic Features and Special Shale-Gas Production Issues. Journal of Rock Mechanics and Geotechnical Engineering, 6 (3): 196-207

Katahara K W. 1996. Clay Mineral Elastic Properties. SEG Annual Meeting Expanded Abstracts, 15: 1691-1694

King S R. 1983. Liquid CO_2 for the Stimulation of Low-Permeability Reservoirs. SPE 11616

Leblanc D, Martel T, Graves D, et al. 2011. Application of Propane (LPG) Based Hydraulic Fracturing in the McCully Gas Field, New Brunswick, Canada. SPE 144093

Maddocks A, Reig P. 2014. A Tale of 3 Countries: Water Risks to Global Shale Development. World Resources Institute

Mathews H L, Schein G, Malone M. 2007. Stimulation of Gas Shale: They're all the Same-Right. SPE 106070

Mavko G, Mukerji T, Dvorkin J. 1988. The Rock Physics Handbook. Cambridge: Cambridge Unversity Press

Merriman R J. 2005. Clay minerals and sedimentary basin history. European Journal of Mineralogy, 17: 7-20

Middleton R S, Carey J W, Currier R P, et al. 2015. Shale gas and non- aqueous fracturing fluid: Opportunities and challenges for supercritical CO_2. Applied Energy, 147 (3): 500-509

Moës N, Dolbow J, Belytschko T. 1999. A finite element method for crack growth without remeshing. Int J Numer Methods Eng, 46: 131-150

Nilson R H. 1988. Similarity solutions for wedge- shaped hydraulic fractures driven into a permeable medium by a constant inlet pressure. Int. J. for Numerical and Analytical Methods in Geomechanics, 12: 477-495

Nilson R H, Proffer W J, Duff R E. 1985. Modelling of gas- driven fractures induced by propellant combustion within a borehole. Int J Rock Mechanics and Mining Science, 22 (1): 3-19

Ozawa S, Kusumi S, Ogino Y. 1976. Physical adsorption of gases at high pressure. IV. An improvement of the Dubinin—Astakhov adsorption equation. Journal of Colloid and Interface Science, 56 (1): 83-91

Roy S, Raju R, Chuang H F, et al. 2003. Modeling gas flow through microchannels and nanopores. Journal of Applied Physics, 93 (8): 4870-4879

Rickman R, Mullen M J, Petre J E, et al. 2008. A practical use of shale petrophysics for stimulation design optimization: All shale plays are not clones of the Barnett Shale//SPE Annual Technical Conference and Exhibition. Society of Petroleum Engineers

Phillips A M, Couchman D D, Wilke J G. 1987. Successful Field Application of High- Temperature Rheology of CO_2 Foam Fracturing Fluids. SPE 16416

Ross D J K, Bustin R M. 2008. Characterizing the shale gas resource potential of Devonian- Mississippian strata in the Western Canada sedimentary basin: Application of an integrated formation evaluation. AAPG Bulletin, 92 (1): 87-125

Sepehri J, Soliman M Y, Morse S M. 2015. Application of Extended Finite Element Method to Simulate Hydraulic Fracture Propagation from Oriented Perforations. SPE 173342

Shaina K, Hesham E S, Carlos T V, et al. 2015. Assessing the Utility of FIB- SEM Images for Shale Digital Rock Physics. Advances in Water Resources, 1: 1-15

Sondergeld C H, Newsham K E, Comisky J T, et al. 2010. Petrophysical Considerations in Evaluating and Producing Shale Gas Resources. SPE 131768

Tinni A, Fathi E, Agarwal R, et al. 2012. Shale Permeability Measurements on Plugs and Crushed Samples. SPE 162235

Uba M H, Chiffoleau Y, Pham T R, et al. 2007. Application of a Hybrid Dual- Porosity Dual- Permeability Representation of Large Scale Fractures to the Simulation of a Giant Carbonate Reservoir. SPE 105560

Vanorio T, Prasad M, Nur A. 2003. Elastic Properties of Dry Clay Mineral Aggregates, Suspensions and Sandstones. Geophysical Journal International, 155 (1): 319-326

Walls J D, Diaz E, Derzhi N, et al. 2011. Eagle Ford Shale Reservoir Properties from Digital Rock Physics. Recovery- CSPG CSEG Convention

Wang F P, Gale J F. 2009. Screening criteria for shale-gas system. Gulf Coast Association of Geological Societies Transactions, 59: 779-793

Weber N, Siebert P, Willbrand K, et al. 2013. The XFEM with an explicit-implicit crack description for hydraulic fracture problems. ISRM-ICHF-2013-048

Yang D W, Risnes R. 2001. Numerical Modelling and Parametric Analysis for Designing Propellant Gas Fracturing. SPE 71641